Cet ouvrage se trouve aussi

A SAUMUR,

Chez DEGOUY, Imprimeur-Libraire.

DE L'IMPRIMERIE DE DEMONVILLE.

PRINCIPES

POUR

MONTER ET DRESSER

LES CHEVAUX DE GUERRE,

Formant le 3ᵉ volume de l'ouvrage de M. le Baron de Bohan, intitulé :

EXAMEN CRITIQUE DU MILITAIRE FRANÇAIS ;

SUIVI

De passages extraits des tomes 1 et 2, qui ont paru les plus dignes d'être conservés.

A PARIS,

Chez ANSELIN et POCHARD (Successeurs de Magimel), Libraires pour l'Art Militaire, rue Dauphine, n° 9.

1821.

AVERTISSEMENT.

Depuis long-temps on se plaignoit de la rareté de l'Examen critique du Militaire Français, du baron de Bohan (1), et il devenoit difficile de se procurer un ouvrage estimé et presque indispensable à tout officier de cavalerie.

Les élèves de l'école des troupes à cheval étoient ceux qui souffroient le plus de cette privation ; et on a vu un certain nombre d'officiers détachés à cette école copier en entier le troisième volume.

Il étoit donc urgent qu'on s'occupât de la réimpression tant demandée, tant attendue d'un ouvrage devenu, pour ainsi dire, *classique*; il falloit encore que la partie classique

(1) M. le baron de Bohan, élève de l'ancienne école de cavalerie, devenu lieutenant-général des armées du Roi, mort au commencement du 19ᵉ siècle, fit imprimer à Genève, en 1781, l'ouvrage dont il est question.

pût être détachée de l'ouvrage, ou même imprimée à part. Imprimée seule, elle étoit mise à la portée de tout le monde. Officiers et sous-officiers des corps de cavalerie, et particulièrement ceux détachés à l'école de cette arme, pouvoient alors, avec un très-léger sacrifice, se procurer un ouvrage *indispensable*, on le répète, à tout instructeur, à tout homme qui monte et fait monter à cheval; telle est la fin qu'on s'est proposée.

S'étendre en éloges sur le mérite de l'ouvrage dont on vient de parler, seroit la chose du monde la plus inutile; bien que peu répandu (1), sa réputation est faite et bien faite. Conseiller sa lecture est le meilleur éloge qu'on en puisse faire.

On ne doute pas que connu davantage dans les corps de cavalerie, il n'y soit apprécié, qu'il n'y devienne classique, pour revenir sur l'expression dont on accepte toute la responsabilité.

On ne doute pas que l'école des troupes à cheval n'en recommande, n'en ordonne la lecture à ses élèves, comme développement des principes de l'ordonnance de l'an 13, qui

---

(1) Attendu son impression en pays étranger.

lui doit une grande partie de ses détails, de ses meilleurs principes, etc. etc.

Cette ordonnance sur les manœuvres de cavalerie devant, dis-je, beaucoup au baron de Bohan, elle lui sera plus redevable encore, lorsque le troisième volume de l'Examen critique, dans les mains de tout instructeur, pourra compléter ce qu'elle a d'incomplet, et remplir les lacunes qu'on y a laissées.

Pourquoi cette ordonnance n'a-t-elle pas adopté tous les principes de M. de Bohan? pourquoi n'a-t-elle pas banni le mouvement circulaire de la seconde leçon qu'elle donne à ses cavaliers; leçon ou méthode réprouvée par M. de Bohan, par tout le monde? Pourquoi n'a-t-elle pas, après son école de cavalier, une école de peloton, qui la fasse arriver avec gradation à son école d'escadron, base de toutes ses manœuvres?

Pourquoi enfin, dérogeant à ses principes dans sa onzième manœuvre, en faisant faire un demi-tour *contrairement* à ce qui est prescrit à l'école d'escadron, n'y déroge-t-elle pas à la septième, n° 561, où un demi-tour *contrairement* à ce qui est prescrit, seroit au moins aussi utile pour éviter le désordre, suite naturelle d'une obliquité du demi-front d'un escadron, commandée au peloton de la tête, et impossible à exécuter dans un trop court espace de temps et de terrain?

Voilà deux ou trois de ces mille et une questions que tout le monde se fait, et auxquelles on ne peut rien répondre, sinon que l'ordonnance sur ces manœuvres n'est que *provisoire* (*depuis* 17 *ans*), et que devenue définitive (1), les reproches qu'on lui a faits jusqu'à ce jour, seront détruits, et les erreurs qu'on y a reconnues, corrigées.

Je reviens à M. de Bohan, dont cette digression m'a éloigné; je dois consigner ici une observation que je crois assez utile. Lorsque je me chargeai, bien malgré moi, de donner quelques conseils sur la réimpression du troisieme volume de son ouvrage, il me fut promis par un écuyer qu'il me signaleroit un assez bon nombre d'erreurs, de *fautes*, pour me servir de ses paroles, qu'avoit commises M. de Bohan; mais je les ai trouvées si futiles, pres-

----

(1) Il faut espérer que devenue définitive, ses bases d'instruction seront simplifiées, qu'elles seront mises en rapport avec le règlement sur le service intérieur, du 13 mai 1818, et qu'elles ne seront plus avec ce règlement dans une opposition choquante, soit par les fonctions dévolues aujourd'hui à certains grades, soit par la formation de l'escadron en ordre de bataille, etc. etc.

que si puériles, que non-seulement je me suis bien gardé de rien corriger, mais que je me suis fortifié dans ma résolution de ne pas altérer le texte de M. de Bohan, de le laisser dans toute sa pureté, dans toute son intégrité. J'ai lu et relu plusieurs fois, avec la plus grande attention, son excellent ouvrage, je parle principalement du troisième volume, et j'ai cru devoir m'abstenir de toute note, de tout commentaire.

J'ai montré un peu plus de hardiesse pour les deux premiers volumes ; dans ma manière de voir, il étoit impossible qu'on les conservât, qu'on les réimprimât en entier ; une foule de raisons s'y opposoit. En effet, une grande partie a été adoptée, une partie a vieilli, une autre enfin n'est plus en harmonie avec les mœurs, avec la législation actuelle, telle que les emplois donnés exclusivement à la noblesse, etc. etc. J'ai cru devoir seulement conserver un certain nombre de fragmens qui ont pu être isolés, et qui m'ont paru mériter d'être réimprimés. Ils feroient sans doute vivement désirer la réimpressiou entière de ces deux premiers volumes, si je ne venois pas de prévenir que leur lecture doit être plutôt un objet de curiosité que d'instruction et d'utilité réelles.

Il n'en est pas de même du troisième volume, que j'envisage comme d'une utilité journalière dans les mains de tout instructeur; et qui, par la simplicité, la clarté et la vérité de ses principes sur l'art de monter et dresser les chevaux, doit être la première lecture de tout homme qui veut monter à cheval, officier de cavalerie ou non.

Tel est mon sentiment; je m'estimerai assez heureux s'il est partagé et adopté, et surtout si mon très-foible travail devient de quelque *utilité*. C'est mon seul but dans la tâche que je me suis imposée.

AUX ÉDITEURS.

Messieurs,

En cédant à l'invitation que vous avoient faite un grand nombre d'officiers de cavalerie, élèves des différens cours de l'école actuelle des troupes à cheval, et en vous déterminant à la réimpression du troisième volume de l'ouvrage de M. de Bohan, que j'ai moi-même vivement sollicitée, vous y avez mis pour condition première que je m'engagerois à vous donner quelques conseils, et à retrancher quelques passages ou phrases qui ne vous paroissoient plus en harmonie avec les connoissances et les idées actuelles.

Je pouvois me récuser, et vous renvoyer à des juges plus compétens, plus éclairés ; mais il falloit obtenir cette réimpression, et je l'eusse, par mes refus, encore une fois ajournée.

Pour éviter cet inconvénient, j'ai passé

par-dessus quelques considérations d'amour-propre, et j'ai terminé bien ou mal la tâche qu'en acceptant votre proposition, je m'étois prescrite.

Je vous envoie ce troisième volume avec les fragmens que j'ai extraits des deux premiers; j'y ai joint quelques lignes en forme de notes, que j'ai crues utiles.

Je suis loin de me flatter d'avoir complétement rempli vos intentions; mais je suis convaincu que vous remplirez la mienne, que nous jouirons bientôt d'un ouvrage que nous réclamons depuis long-temps et que nous attendons avec une vive impatience.

J'ai l'honneur de vous saluer avec une parfaite considération,

DE R......

Capitaine aux hussards du.....

Paris, de l'Abb..., 29 septembre 1820.

TABLE DES MATIÈRES.

Fin de la Table des Matières.

PRINCIPES

POUR

MONTER ET DRESSER

LES CHEVAUX DE GUERRE.

C'est en vain que j'ai essayé d'être aussi bref sur cette partie de l'instruction, que je l'ai été sur celles qui la précèdent (1) : ne demandant qu'une instruction très-bornée dans le cavalier, j'avois cru pouvoir me réduire au simple exposé d'une théorie générale ; mais la foule des opinions diverses s'est présentée à moi, et j'ai cru que mon travail ne pourroit avoir d'utilité, qu'autant que je combattrois les principes que je désavoue, et que je préviendrois les

(1) Voyez l'Avertissement en tête de ce volume.

objections qui pourroient naître de mon sujet.

En effet, je vois partout le schisme et l'ignorance varier nos pratiques à l'infini, et j'entends partout des voix qui s'élèvent pour reprocher à nos écoles le temps qu'elles perdent, et les chevaux qu'elles consomment.

Je n'ai donc pas osé tracer les principes sans preuves; j'ai voulu les développer, les commenter et les appuyer de démonstrations physiques et géométriques. C'est le seul moyen d'élever aujourd'hui un système, qui, quoique le plus simple, paroîtra extraordinaire aux yeux de bien des gens, et le seul moyen aussi de prévenir, s'il est possible, les critiques et les plaisanteries de ceux qui rejettent d'avance tout ce qui ne ressemble pas à ce qu'ils connoissent.

Telle est la justification que j'apporte sur l'étendue que j'ai donnée à cette partie de mon ouvrage.

Ce qui va suivre est donc destiné, non à être récité servilement dans un manége, à des oreilles qui ne seroient pas en état de l'entendre, mais à servir de théorie dans l'école générale de cavalerie, à instruire des instructeurs, qui ne sauroient être trop savans pour prendre les fonctions de maîtres; c'est à eux à tout entendre, tout voir, tout comparer, pour se perfectionner dans un art qu'ils doivent communiquer aux autres, parce que le succès de leurs leçons sera toujours proportionné à leurs lumières.

C'est une erreur, de croire que la théorie suffise pour être maître dans un exercice de corps; il faut avoir pratiqué et senti (1), pour acquérir un tact qu'il faut communiquer.

Ce traité est divisé en deux parties, que renferme l'art de monter à cheval : la première comprend la position de l'homme et les fonctions de chacune des parties de son corps; la seconde renferme la manière d'éduquer, dresser et conduire le cheval. Tel est le plan ou le canevas d'un ouvrage, trop long sans doute, par la place qu'il occupe ici, mais susceptible encore d'un développement bien plus étendu, si des circonstances particulières ne me pressoient de le mettre au jour, au risque de re-

---

(1) L'auteur du nouveau Newcastle, assez célèbre par les excellens ouvrages qu'il a donnés au public sur l'art vétérinaire, M. Bourgelat prouve que l'esprit n'est pas suffisant pour raisonner sur notre art, et qu'il faut l'avoir long-temps pratiqué avant d'écrire. Son livre n'est qu'une esquisse informe et brillante de l'art de monter à cheval. Il n'est pas le seul qui ait donné dans ce travers.

1*

venir à le compléter dans des momens plus tranquilles.

Premières Définitions.

L'art de monter à cheval, est celui qui nous donne et démontre la position que nous devons prendre sur un cheval, pour y être avec le plus de sûreté et d'aisance ; qui nous fournit en même temps les moyens de mener et conduire le cheval avec la plus grande facilité, et obtenir de lui par les moyens les plus simples, et en le fatiguant le moins possible, l'obéissance la plus exacte et la plus parfaite en tout ce que sa construction et ses forces peuvent lui permettre.

L'homme de cheval est donc celui, qui, solide et aisé sur l'animal, a acquis la connoissance de ce qu'il peut lui demander, et la pratique des meilleurs moyens pour le soumettre à l'obéissance (1).

---

(1) L'auteur de l'Essai général de Tactique, en formant le canevas d'un ouvrage immense, s'est trouvé obligé de parler d'une infinité de détails sur lesquels il n'avoit pas même des connoissances préliminaires ; c'est ce qui a produit ce livre étonnant si parfaitement écrit, rempli de vérités et de préceptes si bien exprimés, mais entremêlés

Le cheval dressé, ou mis, est celui qui connoît les intentions du cavalier au moindre mouvement, et y répond aussitôt avec justesse, légèreté et force.

Ces deux dernières définitions détaillées donneront un traité complet de l'art de monter à cheval.

---

de tant d'erreurs et de fautes. Nous lisons dans son article Cavalerie : « Je ne veux point que le cavalier soit un » homme exercé à manier son cheval avec grâce et adresse, » un écuyer ; je veux que ce soit un homme robuste, pla- » cé à cheval ainsi qu'il doit l'être relativement à la struc- » ture de son corps et à la facilité la plus grande de le » gouverner ; mais employant plutôt le poignet, l'éperon » et son étreinte vigoureuse, que les aides de l'équitation.» Que veut dire cet assemblage de mots ? Quels principes peut-on en déduire ? Qu'est-ce que la posture d'un homme relative à la structure de son corps ? Est-ce là tout ce que M. de Guibert a à nous proposer pour remplacer nos principes ? Qu'entend-il donc par la qualité *d'écuyer* ? La définition que nous en donnons n'est certainement pas la même ; selon moi, c'est un homme placé solidement à cheval, et le manœuvrant avec la facilité la plus grande par les moyens les plus simples. Je ne vois pas pourquoi on lui préféreroit un homme qui n'agiroit que par violence et châtiment ; et de bonne foi, j'ai peine à croire que l'auteur confiât ses chevaux à son écuyer plutôt qu'au mien. Je ne combattrai pas davantage cette assertion de l'auteur de l'Essai général de Tactique, qui se trouvera amplement réfutée dans le cours de ce Traité.

Pour donner à la première partie de ce traité l'ordre et la véritable succession des objets à traiter, je supposerai un homme à instruire, et je décrirai les leçons qu'il doit recevoir.

En général, de la Posture de l'homme sur le cheval.

La posture de l'homme sur le cheval doit être puisée dans la nature, afin que chaque partie de son corps soit dans une attitude aisée, et qu'aucune ne soit fatiguée plus que l'autre: le cavalier sera ainsi en état d'être plus long - temps à cheval sans se lasser, point bien essentiel pour un homme de guerre. L'homme doit être aussi placé d'une manière solide, et sa position la moins gênante pour lui, doit être aussi la moins gênante pour le cheval, afin de lui laisser toutes les facultés de ses forces.

La première leçon doit se donner sur un cheval arrêté, afin qu'aucun mouvement ne s'oppose à la théorie, et que l'attention du cavalier ne soit nullement détournée (1).

____

(1) Il est très-inutile de se servir de chevaux de bois, comme cela s'est pratiqué assez généralement dans la cavalerie, parce que rarement ces chevaux sont construits

On placera le cavalier sur la selle de manière que le point d'appui de son corps soit réparti également sur ses deux fesses, que le milieu de la selle doit partager; on lui fera sentir le plus fort de l'appui sur les deux os formant la pointe des fesses (tubérosités des ischions), et on le mettra assez en avant sur la selle, pour que sa ceinture soit collée au pommeau.

Son corps sera d'aplomb sur cette base, de manière que la ligne verticale dans laquelle est son centre de gravité, se trouve passer par le sommet de la tête, et tomber au milieu de ses fesses.

La position de sa tête et de son cou se trouve déterminée par le passage de cette verticale. Le bas des reins doit être un peu plié en avant, afin de faire un arc-boutant, dont nous expliquerons l'utilité par la suite; ce pli doit être dans les dernières vertèbres lombaires (1), et doit s'opérer sous l'épaisseur des

à l'imitation des chevaux naturels, et le cavalier ne peut s'y placer de même; c'est d'ailleurs avoir recours à des moyens inutiles.

(1) J'ai été obligé d'employer quelques termes anatomiques, mais je prie de faire attention que je ne me les suis permis que lorsque les mots usités ne pouvoient rendre mes principes avec la justesse et la précision

épaules, afin de ne pas déranger la verticale, qui, comme nous l'avons dit, doit tomber au milieu des fesses.

Les épaules seront plates par derrière, sans ce qu'on appelle vulgairement les *creuser*.

Les bras tomberont naturellement par leur propre poids, jusqu'à ce qu'on leur donne une occupation au bridon ou à la bride, ce que nous déterminerons.

Les fesses étant bien au milieu de la selle, les cuisses doivent se trouver égales ; on les tendra et allongera également de chaque côté du cheval, en les abandonnant à leur pesanteur sans les serrer, relâchant au contraire les muscles qui les entourent, afin qu'ils puissent s'aplatir par le poids des cuisses, et leur permettre de porter dans leur partie inférieure.

Les plis des genoux seront absolument sans force, et on abandonnera les jambes à leur propre pesanteur, afin que leur poids leur fasse

---

que l'on doit toujours tâcher d'observer en écrivant ; si j'eusse dit en cette occasion *les reins seront un peu pliés*, on auroit pu prendre pour les reins toute la longueur du dos de l'homme, et il m'étoit essentiel d'expliquer que je n'entends parler que des six dernières vertèbres.

prendre leur véritable position , qui est entre l'épaule et le ventre du cheval.

L'articulation de la jambe avec le pied sera pareillement relâchée , afin que les pieds, presque parallèles entre eux , tombent naturellement , par leur propre poids ; la pointe des pieds se trouvera un peu plus basse que le talon. (Le cavalier est ici sans étriers.)

Voilà en général la posture de l'homme sur le cheval , nous allons la détailler partie par partie , en faisant sur chacune les observations nécessaires , et nous prendrons pour cet effet l'ordre qui me paroît le plus convenable , qui est de placer d'abord les parties qui doivent servir de base aux autres.

DIVISION DU CORPS DE L'HOMME

EN TROIS PARTIES.

De la Partie immobile.

Nous divisons le corps de l'homme en trois parties , savoir , deux parties mobiles , et une partie immobile : cette dernière se trouve au milieu des deux autres , et leur sert de point d'appui , c'est la partie essentielle ; elle prend depuis les hanches jusqu'aux genoux inclusivement. Cette partie doit toujours être liée au cheval, c'est-à-dire, ne former avec lui qu'un seul et même corps, c'est ce qui la fait nommer partie immobile.

Je dis que cette partie immobile doit être parfaitement liée au cheval, puisque sans cela la machine entière, à laquelle elle sert de base, n'auroit aucune solidité, car il est essentiel pour qu'un corps soit solide que sa base le soit; il faut donc trouver le moyen de lier cette partie au cheval ; mais nous n'employerons pas pour cela de force dans les cuisses, comme bien des gens l'enseignent, car premièrement la force dans les muscles les faisant raccourcir, si l'on serroit les cuisses, nécessairement elles remonteroient.

Secondement, les muscles du haut des cuisses s'arrondissant au lieu de s'aplatir, empêche-roient la partie inférieure de la cuisse et les genoux de poser sur la selle.

Troisièmement, il est impossible d'employer de la force dans les cuisses, sans qu'elle se communique aux jambes, parce que les mus-cles des jambes ont leurs attaches dans les cuisses ; il s'ensuit aussi que, toutes les fois que le cavalier emploie de la force dans ses cuisses, il se lasse bientôt, et l'on sent combien il est essentiel que le cavalier ne se fatigue point à cheval.

Il est encore bien des raisons qui démontrent la fausseté du principe de serrer les cuisses, nous les verrons par la suite.

Il ne faut pas non plus chercher à contenir les fesses dans la selle, en mettant le corps en arrière, parce que dès-lors le poids du corps fait lever les genoux, et par conséquent les jambes se portent en avant, ce que je démontrerai être vicieux à l'article des jambes.

Les partisans du principe dont je veux démontrer les inconvéniens, me diront, que ce que j'avance est faux ; qu'ils mettent le corps en arrière sans que les genoux lèvent ; cela peut être, dirai-je, mais il faut, pour que vos genoux ne lèvent pas, que vous souteniez votre corps, qui tombe en arrière, par beaucoup de force dans les reins (*voyez la planche I*). Sans cela, il fait l'effet d'une puissance A appliquée à un levier, dont le point d'appui D est sur les fesses.

Il est encore un moyen d'empêcher les genoux de lever lorsqu'on est renversé, c'est de les serrer avec beaucoup de force ; je n'ai qu'une seule question à faire aux partisans de tels principes ; je leur demanderai s'il est possible de rester long-temps à cheval avec beaucoup de force, soit dans les reins, soit dans les genoux, sans être extraordinairement fatigué.

Je réfute également ces moyens pour en proposer un plus simple, dont je ferai voir la suffisance au chapitre de la tenue, et dans la démonstration mécanique qui le suivra.

Ce moyen consiste dans une justesse de position et un accord d'équilibre, qui, sans avoir les inconvéniens des autres méthodes, laisse le cavalier parfaitement à son aise.

Récapitulons d'abord la position exacte des parties qui composent la partie immobile, savoir, des fesses, des hanches, des cuisses et genoux.

Nous avons dit que les fesses devoient être bien au milieu de la selle, et séparées par le milieu du siége, les deux os formant le principal point d'appui : les muscles qui les garnissent étant relâchés, formeront une base d'autant plus large, qu'ils s'aplatiront davantage : les deux cuisses envelopperont et embrasseront le cheval avec égalité; elles faciliteront d'autant plus la tenue, qu'elles embrasseront davantage, et elles embrasseront d'autant plus qu'elles s'approcheront de la perpendiculaire à l'horizon.

Il est impossible de fixer le degré juste d'inclinaison, ou de déterminer l'angle que doit former la ligne de la cuisse avec la verticale du corps, la tension de la cuisse dépendant

de sa conformation, de son poids, et particulièrement de la liberté du fémur dans la cavité
cotiloïde : il vaut donc mieux laisser les commençans les genoux un peu trop en avant,
que de les obliger à employer des moyens de
force et de contrainte pour jeter leurs cuisses
en arrière, ce qui leur feroit nécessairement
lever les fesses, et diminueroit l'appui que le
corps doit prendre dessus. Mais, quelle que
soit la facilité qu'ait ou qu'acquière l'homme,
il ne doit jamais avoir la prétention d'arriver
à la perpendiculaire ; parce qu'il lui seroit
impossible, dans cette attitude, d'être assis :
le véritable principe à donner, est de laisser
prendre à la cuisse la tension que sa propre
pesanteur lui donnera, en en relâchant les
muscles et les articulations.

Les fesses posant bien sur la selle, les cuisses
étant bien relâchées, poseront naturellement
sur leur partie latérale interne, à moins que
beaucoup de roideur dans l'attache du fémur
ne s'y oppose, auquel cas il faut attendre que
l'exercice dénoue, et donne du jeu à ces parties, sans exiger des efforts de la part des
commençans, en leur donnant le principe
mal énoncé de *tournez vos cuisses en dedans*,
car elles ne doivent être ni en dedans ni en
dehors. Il résulte des efforts que l'élève fait

pour les tourner, qu'il roidit les muscles, qui se gonflent et empêchent la pointe des genoux de poser, ce qui ne peut arriver que lorsque le haut des cuisses, beaucoup plus gros que le bas, s'aplatira.

Les deux hanches se trouveront établies perpendiculairement, et ne peuvent varier sans faire varier la partie immobile (1).

Toutes ces parties, posées sur la selle de la manière la plus conforme à la nature, la plus commode et la moins fatigante pour l'homme, seront contenues dans cette position par le concours des deux parties mobiles. Il est clair que le corps, placé d'aplomb sur les fesses, agira sur elles avec tout l'effort de sa pesanteur, les chargera le plus possible, et par conséquent les rendra plus difficiles à lever ; car plus elles seront chargées, plus elles s'écraseront et tiendront dans la selle.

Les jambes abandonnées à leur pesanteur feront deux poids égaux, qui, tirant sur les cuisses, les feront d'autant plus poser, et les affermiront davantage sur la selle ; il s'ensuit

______

(1) Voyez le mouvement circulaire où j'ai démontré le faux sens du principe d'avancer la hanche de dehors. On doit seulement avoir attention que la force centrifuge ne la jette pas en arrière.

donc que plus elles seront relâchées, plus elles tireront, et plus elles tireront, plus elles coopéreront à la solidité de la partie immobile.

C'est ainsi que, par le moyen des deux parties mobiles, j'affermis l'immobile.

De l'Assiette.

Ne confondons point, comme l'ont fait plusieurs auteurs, l'assiette avec la partie immobile; c'est prendre la partie pour le tout. L'assiette n'est que les points de cette même partie immobile, c'est-à-dire, des fesses et des cuisses qui posent sur la selle.

On ne peut donc pas augmenter sa partie immobile, mais on peut augmenter son assiette, en multipliant le nombre des points des fesses et des cuisses qui posent sur la selle, et qui sont véritablement la base des deux parties mobiles. Comment, dira-t-on, les points des cuisses, qui posent sur la selle, peuvent-ils servir de base aux parties immobiles, puisque le corps doit porter entièrement sur les fesses?

Mais si l'on fait attention que les jambes étant bien relâchées tirent sur les cuisses avec l'effort de leur pesanteur, on s'apercevra bien que ce poids des jambes tend à faire poser les cuisses sur la selle avec beaucoup plus de force ; et par conséquent les points des cuisses, qui posent sur la selle, se trouvent chargés du poids des jambes : ainsi, il est bien vrai de dire, que les points des cuisses et des fesses qui posent sur la selle servent de base à la machine, et forment par conséquent ce que l'on nomme assiette.

Plus un corps a de base, plus il a de solidité, d'où je conclus que nous pouvons dire, que plus un homme a d'assiette, plus il a de fermeté. Ceci confirme encore ce que j'ai dit dans l'article précédent, sur le relâché de la partie immobile ; car plus les muscles de cette partie immobile seront relâchés, plus le poids de la machine les aplatira, et plus il les aplatira, plus il en fera poser de points sur la selle.

Du Corps et de sa Position.

Après avoir vu en général la position de l'homme, nous allons reprendre chacune de ses parties en particulier, c'est-à-dire, chacune des parties qui servent à composer les parties mobiles, car nous nous sommes assez étendus sur l'immobile.

J'appelle le corps, la partie de l'homme qui forme le tronc, il prend depuis la tête jusqu'aux hanches.

Nous avons vu dans l'article précédent, qu'en le plaçant verticalement, il servoit à affermir l'assiette et à la contenir dans la selle ; c'est donc une raison pour l'avoir toujours d'aplomb et perpendiculaire sur les fesses (1), d'ailleurs cette posture lui est naturelle. Tout corps, de quelque espèce qu'il soit, auquel on veut donner de la fermeté, doit toujours être mis d'aplomb sur sa base, car lorsqu'il en sort, il faut des forces étrangères pour le soutenir, et l'empêcher de tomber du côté de son inclinaison (*Voyez la Pl. II. fig. I*). Si l'on met le corps CD perpendiculaire sur une base horizontale AB, de sorte que CD forme avec AB deux angles droits, il est clair que le corps CD sera en équilibre. Si au contraire, sur la base AB horizontale, on élève obliquement le corps OD, de sorte que OD forme avec AB deux angles inégaux, il est évident que le corps OD suivra son inclinaison, et tombera sur l'extrémité B de la base AB, à moins que l'on n'y mette un soutien PQ, que je compare à la force que le cavalier sera obligé de mettre

____

(1) Bien entendu que c'est la verticale du corps qui doit être perpendiculaire, car le corps de l'homme ne peut jamais être dans une ligne droite.

dans ses reins, si son corps est dans la direction OD.

Comme nous avons démontré, et que nous démontrerons encore que toute force à cheval ne vaut rien, cela suffit pour révoquer tout principe qui place le corps autrement que perpendiculaire (1).

Des prétendues Aides du corps.

On peut voir, par ce que je viens de dire, que je regarde comme mauvaise toute aide et mouvement de corps ; je ne crois pas avoir besoin de démontrer davantage la fausseté des principes qui les ordonnent : mais je renvoie à la seconde partie, au chapitre des pas de côté, la démonstration de l'inutilité de ces prétendues aides, quand même elles ne seroient pas mauvaises.

M. Bourgelat a cependant écrit : « Les aides » du corps contribuent et peuvent même seu-

(1) Il est essentiel pour l'alignement d'une troupe d'avoir une position de corps égale et uniforme ; ceux qui donnent le principe de mettre le haut du corps en arrière, doivent donc déterminer l'angle qu'ils veulent lui faire former avec la ligne horizontale ; sans cela, il n'est point de règle sûre, car il y a cent mille obliques et il n'y a qu'une perpendiculaire.

» les conduire géométriquement à l'union des
» aides de la main et des jambes. » Que veut
dire *géométriquement* dans cette occasion ?
M. Bourgelat ne nous a point expliqué le sens
de cette phrase amphigourique, et je défie
qui que ce soit de l'expliquer après lui.

De la Tête.

La tête doit être droite, mais sans gêne ni
affectation ; c'est un défaut commun à bien des
gens de trop chercher à faire mettre la tête
en arrière ; pour lors, le cavalier contracte
une roideur dans le cou dont il a peine après
à se déshabituer ; il a un air gêné, et par conséquent mauvaise grâce ; on ne sauroit trop
lui recommander d'avoir de l'aisance dans
toutes ses parties, sans laquelle nous démontrerons qu'il ne peut exister de justesse.

Des Bras.

Les bras font partie de la machine, ils doivent par conséquent être libres et aisés : leur
position différente peut concourir ou nuire à
l'équilibre du corps ; faisant l'effet d'un balancier, celui qui s'écartera trop du corps le fera
nécessairement pencher de l'autre côté. Il ne

faut pas non plus les serrer, car toutes les fois qu'on a prétendu les coller au corps, on a été contre la nature : non-seulement ils doivent être libres, aisés et relâchés comme dépendans d'un corps dont toutes les parties doivent l'être, afin de former un équilibre parfait; mais encore, comme ils ont des fonctions, il faut qu'ils soient à même de les exécuter avec aisance. Toute action ou fonction qui est gênée ne peut produire qu'un effet sans justesse, ni précision; c'est pourquoi je veux que les bras tombent naturellement, et se placent d'eux-mêmes.

Il est des maîtres qui ont été jusqu'à faire trotter des commençans avec des gaules sous les bras, pour les accoutumer à avoir les coudes serrés, prétendant par-là leur donner de la grâce; tout ce que j'en puis dire, c'est que les auteurs de ce principe ne connoissent pas la signification du mot de grâce, et ne se doutent pas, qu'en faisant serrer les coudes, ils donnent des entraves à une partie qu'ils doivent chercher à faire mouvoir.

D'autres, non moins insensés, font trotter leurs cavaliers les mains derrière le dos, parce qu'ils prétendent par-là accoutumer le commençant à avoir les épaules effacées, et à ne pas se tenir à la main ; leur but est bon, il est très-essentiel que le commençant apprenne à être droit, et à ne pas se tenir à la main : mais en lui mettant les mains derrière le dos, on roidit et renverse les épaules ; ce défaut est très-grand, il se contracte aisément et ne s'en va pas de même. On peut habituer le commençant à avoir les épaules plates par derrière, en le lui recommandant souvent, et on peut l'accoutumer à ne pas se tenir à la main, aussi bien ayant les bras devant lui, que placés derrière le dos ; on peut à la rigueur lui faire abandonner de temps en temps les rênes.

Enfin les bras sont faits pour manœuvrer et travailler, ils ne peuvent le faire avec justesse, s'ils ne sont entièrement libres ; ils doivent travailler en entier, et prendre leur point d'appui à l'épaule, sans lui communiquer la moindre force, non plus qu'à aucune partie du corps.

Des Mains.

Les mains ont plusieurs fonctions différentes à cheval ; sur le cheval neuf, et qui n'est pas mis, elles sont occupées toutes deux ; mais sur le cheval embouché et dressé, la gauche est seule occupée du maniement de la bride, et la droite peut être employée à tout autre usage, tel que de tenir le sabre, un pistolet, etc. Nous verrons la position de la main à la bride, ici je les suppose tenant toutes deux au bridon ; chaque main doit empoigner une rêne, les ongles en-dessous, et les pouces sur le plat des rênes, se regardant, les poignets bas et les bras à demi-tendus ; s'ils l'étoient tout-à-fait, ils seroient roides, et le cheval pourroit, d'un coup de tête un peu fort, attirer le corps de l'homme en avant ; et s'ils étoient trop pliés au coude, lorsque le cavalier auroit besoin de faire des temps d'arrêt, ses bras se trouve-roient gênés dans leur action, et obligés de se tirer derrière son corps.

De l'Epine du dos et des Reins.

L'épine du dos est composée de plusieurs vertèbres, rangées les unes sur les autres, et artistement emboîtées : quoique douée de beaucoup de souplesse, cette colonne verté-brale, régnant tout le long du dos de l'homme, sert à soutenir son corps ; elle peut se mou-voir en tout sens, et principalement dans son extrémité inférieure, appelée reins, formés par les vertèbres lombaires. Réduisons la quantité des mouvemens dont elle est suscep-tible, et qui sont aussi nombreux que les rayons qu'on peut tirer d'un cercle à une circonfé-

rence, réduisons-les, dis-je, à quatre principaux ;
savoir, en avant, en arrière, à droite et à gauche, ce qui occasionne quatre mouvemens du
corps ; savoir, corps en avant, corps en arrière,
corps penché à droite, corps penché à gauche.

L'homme à cheval ne doit connoître que
ces quatre fonctions des reins ; les deux dernières ne doivent être même employées que
dans les mouvemens circulaires, si le cheval se
penche. Voici comment le cavalier peut avoir
besoin des deux premières fonctions des reins.

Le cheval est susceptible de plusieurs mouvemens, sauts et contre-temps, dans lesquels la position de son corps venant à changer, et ne restant plus parallèle à l'horizon,
sa ligne verticale se trouve changée par rapport à son corps, le cavalier doit par conséquent changer la sienne, et mettre le corps,
soit en avant, soit en arrière, suivant la position que prend le cheval, et toujours chercher
une position, dans laquelle sa ligne verticale
et celle du cheval ne forment qu'une seule et
même ligne droite, parce que sans cela, comme
je le ferai voir, il n'y auroit point d'union
entre les deux corps.

Ces mouvemens du corps, soit en avant,
soit en arrière, doivent être opérés par le
moyen d'une grande souplesse dans les der-

nières vertèbres lombaires ; ce pli doit toujours un peu exister, afin de tenir la ceinture
en avant, et servir d'arc-boutant contre quelques mouvemens irréguliers du cheval, qui
tendroient à jeter le corps en avant, tel par
exemple qu'un arrêt subit : mais comme nous
l'avons déjà remarqué, ce pli doit être fort
léger, ne s'opérer que sous l'épaisseur des
épaules, et, plus il se fera bas, mieux il rem-
plira son objet.

Des Jambes.

Les jambes forment la seconde partie mobile ; nous avons vu qu'étant relâchées, et tom-
bant naturellement, leur poids servoit à assurer la partie immobile dans la selle : je vais
démontrer que la position qu'elles prennent,
étant relâchées, est encore la plus avantageuse
pour leurs fonctions.

Les jambes servent d'aides, comme nous le
verrons, et c'est par leur attouchement au
ventre du cheval qu'elles lui font connoître la
volonté du cavalier : plus elles seront près de
la partie sur laquelle elles font leurs fonctions, mieux elles seront placées, puisqu'il est
des cas où il faut qu'elles soient promptes à
secourir le cheval, et sans à-coup ; étant relâ-

chées, elles tombent directement contre le ventre du cheval, et vis-à-vis de son centre de gravité. C'est donc la position qui leur est la plus avantageuse, tant pour l'affermisse-ment de la partie immobile, que pour leurs fonctions.

Ainsi logées entre l'épaule et le ventre du cheval, elles se trouveront être dans la position la plus commode pour l'escadron.

Il doit y avoir une grande liberté dans le pli du genou, afin que les jambes prennent d'elles-mêmes la position de leur verticale, qu'elles travaillent plus moelleusement, et qu'elles conservent toujours leurs fonctions par rapport à la partie immobile.

Des Pieds.

Les pieds doivent être parallèles (1) entre eux, et ils se trouveront naturellement ainsi placés, si les cuisses et les jambes sont sur leur plat; mais si elles n'y sont pas, il est inu-

---

(1) Ce parallélisme n'est pas rigoureusement exigible, il est très-rare ; et dépendant de la parfaite conformation des jambes du cavalier, il ne peut être exigé que du petit nombre.

tile et même dangereux de tourner ses pieds, parce qu'on ne peut le faire alors qu'en estropiant la cheville; c'est pourquoi, si votre cavalier a les pieds en dehors, regardez ses cuisses et ses jambes.

Il est cependant des personnes qui ont les pieds en dehors à cheval, quoique leurs cuisses et leurs jambes soient tournées; je ne dis pas que ce soit un défaut de conformation, car cela est très-rare, quoi qu'en dise M. de Jaucourt à l'article *Marche* de l'Encyclopédie, mais je dirai que c'est une mauvaise habitude contractée dès l'enfance. Quand on apprend à marcher aux enfans, il arrive souvent qu'on leur fait tourner les pieds en dehors, sans faire attention aux genoux: de là vient cette mauvaise habitude, si désagréable à la vue, et si pernicieuse à cheval, parce que dès lors, pour peu que les jambes se ferment, l'éperon porte, et un homme les pieds en dehors seroit très-incommode dans l'escadron; il faut tâcher de réformer cette habitude, en recommandant souvent au cavalier de lâcher le coude-pied, afin qu'à force de temps les muscles prennent leur attitude naturelle.

Si le pied est bien lâché, la pointe se trouvera un peu plus basse que le talon (nous supposons le cavalier toujours sans étriers).

De la Tenue à cheval.

Le premier objet que l'on doit avoir en vue, en mettant un homme à cheval, ou en donnant des principes pour l'y mettre, c'est de lui donner une position dans laquelle il ait de la tenue et de la fermeté, car toute posture où l'on ne peut prouver la tenue doit être réputée mauvaise.

Je distingue deux espèces de tenue, l'une que je nomme vraie, et l'autre que je nomme fausse.

On a vu, dans la position que je viens de décrire, l'équilibre du corps de l'homme ; c'est cet à-plomb et cet équilibre qui forme la vraie tenue, ce n'est que par la correspondance et l'union de toutes les parties du corps, que la machine entière se maintient dans cette position ; donc, toutes les fois que quelqu'une d'elles n'a plus de fonctions, et ne coopère plus à cet équilibre, il est bientôt perdu, et alors la vraie tenue cesse d'exister ; l'équilibre perdu, la machine tomberoit au moindre mouvement, si l'on ne substituoit des forces de pression, et ce sont ces forces que je nomme fausse tenue. Je dis fausse, non parce que je crois qu'avec une telle tenue on ne puisse rester à cheval, mais parce que, dans cette tenue, le cavalier n'est plus maître d'agir, toutes ses parties étant en contraction, et c'est positivement l'instant où les opérations de ses bras et de ses jambes lui sont le plus nécessaires pour manœuvrer le cheval, et s'opposer aux déréglemens auxquels il s'abandonne.

Voyons un homme dans cette dernière tenue ; pour peu que le cheval en sautant enlève le devant, comme il a la charnière des reins extrêmement roide, son corps se porte en arrière ; aussitôt que le corps est en arrière, il se tient à la main, les cuisses se serrent et les jambes se roidissent : si le cheval rue en sautant, comme il a les reins tout d'une pièce, il met le corps en avant, les fesses deviennent en l'air, les genoux se serrent, et le corps venant en avant, il faut nécessairement que les talons se mettent dans le ventre. Toutes ces choses sont immanquables et indispensables à un homme qui, pour sa tenue, emploie de la force, et il est aisé de comprendre le mauvais effet que doit produire la tenue de la main et les éperons dans les flancs du cheval, au moment où il saute ; c'est ce qui fait que, loin de s'apaiser, le cheval qui n'auroit fait qu'une pointe ou une ruade, se défend pendant une heure ; on bat l'animal, on lui impute la faute, et on ne s'aperçoit pas de son ignorance.

Revenons à la première tenue, que je nomme vraie. N'étant qu'équilibre, les bras et les jambes conservent leur liberté, travaillent le cheval, et s'opposent à ses déréglemens ; pour lors, l'animal trouvant toujours des obstacles à ses sottises, et n'ayant rien de la part du cavalier qui l'y excite, il n'est pas douteux que, sous un tel homme, il ne puisse se corriger, au lieu que sous l'autre, tout l'excitant à se débarrasser d'un fardeau qui le gêne par sa fausse attitude, il ne sera sage que lorsque les forces lui manqueront.

Je suis bien loin de dire que la vraie tenue soit aisée à avoir, et qu'il n'y ait qu'à se relâcher pour être ferme, ce n'est point ce que j'entends ; il faut de l'usage en toute chose, et l'art de monter à cheval a toujours été reconnu pour en demander beaucoup. Il faut, pour avoir la vraie tenue, qu'un homme soit parfaitement placé, et que toute crainte soit bannie ; c'est pourquoi on ne sauroit avoir trop d'attention, dans les écoles, à mener les commençans peu à peu ; car si vous donnez à votre cavalier, les premiers jours, un cheval qui saute, vous l'obligerez malgré lui à avoir recours à la fausse tenue, et il est même certain que s'il vouloit se relâcher, il tomberoit. Il faut attendre qu'il soit bien placé, avant de lui demander de la tenue.

Personne ne peut se flatter de la perfection ; c'est pourquoi il peut très-bien arriver qu'un excellent homme de cheval soit dérangé par un saut inattendu; une fois l'équilibre de la machine perdu, il faut nécessairement qu'il emploie de la force; mais alors je lui recommande de n'en employer que dans les parties où elle est nécessaire, et seulement la quantité suffisante pour se tenir, se relâchant aussitôt la bourrasque finie, et dès qu'il se sent d'aplomb.

Le degré de tenue est plus ou moins grand ; celui qui en a le plus est celui qui peut se passer le plus long-temps de la fausse ; au reste, cette tenue de force est bien fautive, puisque tous les gens qui tombent de cheval s'en servent.

Quand on est une fois en état de monter des chevaux qui sautent; il faut en monter beaucoup, cela donne de la tenue, de la hardiesse et de l'aisance.

De la Justesse et de l'Aisance.

On nomme justesse ce parfait équilibre qui fait que l'homme se lie à son cheval par les

poids et contre-poids de toutes ses parties,
sans avoir recours à des forces étrangères qui
le fatigueroient trop, et dont il lui seroit impossible de faire usage un certain temps.

C'est dans cette justesse seule que peut se
trouver l'aisance, c'est-à-dire cette liberté dans
chaque partie du corps, qui permet au cavalier
d'en faire l'usage qu'il désire. Il y a un principe bien vrai et connu de tous les savans
maîtres d'exercice de corps, c'est que la plus
grande justesse produit la plus grande aisance;
et réciproquement, la plus grande aisance produit la plus grande justesse.

De la Grâce.

Ces deux articles se suivent, par le grand
rapport qu'ils ont ensemble: on nomme *grâce*,
une certaine aisance qui, se trouvant dans
toutes les parties du corps, fait qu'elles agis-
sent avec un concert qui flatte l'œil; je ne
crois pas qu'on puisse définir sous un autre
point de vue ce que l'on nomme grâce.

Tout le monde ne peut y prétendre; on voit
tous les jours des gens bien faits, et auxquels
on ne sauroit trouver des défauts, qui cependant ne flattent pas l'œil autant que d'autres;
cette qualité est naturelle à de certaines per-

(32)

sonnes, et je dis qu'on ne peut que l'aider par
l'art.

Cet art consiste à donner de l'aisance à toutes
les parties qui composent la machine ; car
toute posture gênée est désagréable à la vue.

Des Dispositions.

Je prétends prouver que tout le monde peut
monter à cheval ; quand je dis tout le monde,
j'en excepte toutes fois les gens mal conformés, tel qu'un homme qui auroit une cuisse,
ou une jambe plus grande que l'autre.

On voit continuellement dans les écoles des
élèves que l'on délaisse, disant qu'ils ne réus-
siront jamais ; cela est vrai, il y a beaucoup
d'hommes, et même le plus grand nombre,
qui auront toujours mauvaise grâce, et qui
seront toujours mal à cheval dans de pareilles
écoles : mais ne dites pas *c'est faute de dispositions*, dites plutôt *c'est faute de bons principes*. On met ces malheureux dans une posture où ils sont contraints et gênés, comment
voulez-vous qu'ils y restent, et qu'ils y aient
de la grâce ? Le petit-nombre qui réussit, est
celui qui a été doué par la nature d'une souplesse et d'une liberté qui lui rend toute position aisée, ou qui a acquis cette liberté et ces

prétendues dispositions par le grand usage ; on sait que le nombre de ceux-là est très-petit, et il seroit bien malheureux que les trois quarts et demi de ceux qui montent à cheval ne pussent réussir.

Dans la posture que je donne, tout le monde peut monter à cheval, puisque tout le monde a un corps, des cuisses et des jambes, et que ce n'est que les poids et contre-poids de toutes ces parties qui forment l'équilibre. Tout le monde peut relâcher ses muscles, c'est-à-dire, se dispenser d'employer de la force, par conséquent tous les poids agiront et coopèreront à la tenue. Comme ce relâché suffit pour monter à cheval, et que tout le monde peut l'être, je conclus que tout le monde peut réussir ; par ce moyen, celui qui a les cuisses rondes (1) les aplatit ; au lieu de rouler sur la selle, elles deviennent stables par leur propre poids ; et, étant plus grosses, elles augmentent la tenue, puisqu'elles ont plus de pesanteur.

____

(1) M. Du Paty de Clam, dans son dernier ouvrage, condamne à ne jamais monter à cheval ceux que la nature n'a pas doués de cuisses très-longues ; cependant, les prétentions que cet auteur a lui-même sur l'équitation, quoique doué d'une très-petite structure, prouvent au moins qu'il reconnoît des exceptions à sa règle générale.

Je ne connois point d'autres dispositions, que plus ou moins de liberté naturelle, qui est ce qu'on appelle la grâce.

Des Aides en général.

On appelle aides les avertissemens dont se sert le cavalier pour faire connoître ses volontés au cheval.

L'insuffisance de l'art, dans son origine, les avoit multipliées à l'infini (1).

Le cheval dressé, comme je le ferai voir par la suite, n'en doit connoître que deux; savoir, la main et les jambes de son cavalier; ce sont les seules, dont il sera question dans cette première partie, car le cavalier, que je suppose instruire, ne sera de long-temps dans le cas de se servir des autres aides auxquelles nous

____

(1) M. Bourgelat reconnoît une infinité d'aides, que je regarde non - seulement comme inutiles, mais même comme fausses-et-contraires-aux-principes-de-la position et de la solidité de l'homme à cheval. Telles sont les aides des jarrets, parce qu'on ne peut serrer les genoux sans déranger l'assiette, et roidir les jambes. L'appui ferme sur les étriers, que l'on ne peut prendre sans ôter l'appui sur les fesses, et par conséquent changer une base que l'on doit au contraire s'attacher à rendre invariable.

avons recours pour dresser le cheval, et qui trouveront leur place dans la seconde partie. Il suffit seulement de lui expliquer ici les moyens qu'il doit employer pour former, si je puis m'exprimer ainsi, ses demandes à l'animal, et le forcer à y répondre par le châtiment qui doit suivre le refus aux aides.

On a toujours regardé le corps, les cuisses et les jarrets comme des aides, je nie qu'ils puissent en être, puisque, d'après la posture que j'ai décrite, ces parties doivent être sans force.

J'ai démontré à l'article du corps, la fausseté des aides qui en proviennent, j'en démontrerai par la suite l'inutilité.

J'ai fait voir le danger de serrer les cuisses et les jarrets, et au contraire j'ai démontré la nécessité d'avoir ces parties relâchées, afin d'en obtenir la pesanteur. Je crois ces raisons suffisantes pour ne reconnoître aucune espèce d'aides provenant du corps, des cuisses, ou des jarrets. Les seules aides bonnes et véritables sont les jambes et la bride.

Je dis que les aides des jambes sont bonnes, puisque les jambes étant une partie mobile, elles peuvent travailler sans déranger l'équilibre, pourvu qu'elles n'emploient aucune force dans leurs opérations : je regarde aussi

la bride comme une aide, puisqu'elle sert souvent à avertir le cheval sans le punir ni le
forcer.

Manière de se servir des Jambes comme aides,
et châtimens.

C'est par l'attouchement des jambes au ventre du cheval qu'elles deviennent aides, suivant
la position que nous avons donnée aux jambes ; étant relâchées elles se trouvent tomber
entre l'épaule et le ventre du cheval, et même
les premiers points de la jambe, c'est-à-dire,
immédiatement au-dessous du jarret, touchent
l'animal ; cette position leur est très-favorable,
en ce qu'elles sont prêtes à agir sans à-coup,
et à portée d'opérer sur l'objet qu'elles doivent mouvoir, qui est le centre de gravité du
cheval.

Pour se servir des jambes, il faut que les
plis des genoux soient fort lians, afin de pouvoir les approcher par degré et non par à-
coup ; sans ce moelleux, les effets sont comme
les causes, le cheval répond par des à-coups,
il est surpris, étonné, ses mouvemens sont
irréguliers.

Supposons qu'une jambe soit divisée en
trois parties, que nous nommerons degrés,

le premier degré partira de la jointure du genou jusqu'au milieu à peu près du gras de
jambe ; le second degré partira du milieu du
gras de jambe jusqu'au talon ; le troisième degré comprendra seulement le talon, il servira
de châtiment, mais il ne doit être employé
qu'à son tour, c'est-à-dire, lorsque les deux
premiers degrés n'auront pas produit un effet
suffisant.

Nous diviserons encore le premier et le second degré en trois points ; cette division bien
entendue, on se servira des jambes de la manière qui suit.

Lorsqu'on voudra les faire opérer, on commencera en pliant le genou avec une flexion
moelleuse, pour faire porter le premier point
du premier degré, et, si cette aide fait obéir
le cheval, on s'en tiendra là. Lorsque le premier point du premier degré ne fera pas assez
d'effet, on emploiera le second point, et, si
cette augmentation d'aide ne suffit pas, on
emploiera le troisième point, ce qui formera
la première partie de la jambe ou le premier
degré.

Lorsque le premier degré aura fait son effet,
et qu'en continuant de le faire agir il augmentera trop l'action du cheval, on se retirera
au second point du premier degré ; et si la

continuité du second point fait trop d'effet,
on se retirera au premier, qui est la position
que la jambe doit prendre naturellement et
par son propre poids.

Lorsque, pour entretenir son cheval dans
l'allure qu'on lui aura donnée, on aura besoin
de n'employer que le premier point du premier degré, il serait mal d'employer le second,
puisqu'il fait trop d'effet.

Lorsque le premier degré ne suffira pas
pour faire obéir un cheval, on emploiera le
premier point du second degré, et de suite le
second et le troisième, suivant le cas.

Lorsqu'enfin les deux premiers degrés ne
suffiront pas, on emploiera le troisième degré,
qui est le talon armé d'un éperon.

Des Éperons.

Ils servent à châtier le cheval qui n'a pas
répondu aux deux premiers degrés, dont il a
dû sentir tous les points avant.

Lorsqu'il n'y a pas obéi, on doit, ayant les
jambes fermées, tourner un peu la pointe des
pieds en dehors, sans ouvrir les genoux, lui
faire sentir vigoureusement les éperons derrière les sangles, et les y laisser assez long-
temps pour qu'il les sente bien, mais pas assez

pour l'y faire défendre ; et, lorsqu'ils ont produit l'effet qu'on en attendoit, les jambes doivent se retirer dans la progression inverse de celle qu'on a suivie pour les fermer. Bien que, dans l'article précédent, nous n'ayons parlé que d'une seule jambe, il est censé que la même division est pour les deux.

Nous indiquerons, en parlant de la manière de mener les chevaux, les occasions où elles doivent travailler, et opérer inégalement ou ensemble.

Il faut se garder de laisser prendre des éperons à un commençant, dont les cuisses et les jambes se secouent à chaque temps de trot, parce qu'il n'a pas encore acquis de fermeté dans son assiette ; et qu'alors, non-seulement les coups d'éperons qu'il donneroit au cheval seroient très-dangereux, mais, s'il vouloit se contraindre et les éviter, il se roidiroit et porteroit les jambes en avant.

Il faut aussi avoir attention, en fermant les jambes, c'est-à-dire, en pliant les genoux, que les muscles ne se roidissent point, et qu'on en sente toujours la pesanteur par tous les points où elles passent. Comme, en fermant les jambes, ce n'est qu'un avertissement que vous donnez au cheval, il ne faut pas chercher à les serrer, il suffit qu'elles effleurent le ventre.

Manière de se servir de la Bride comme aide et châtiment.

Quant à la bride, je la regarde aussi comme une aide ; la main gauche est destinée à la tenir, afin de laisser la main droite libre pour tout autre usage, tel que de combattre.

C'est pourquoi il faut que le cavalier sache, de cette main seule, faire exécuter à son cheval toutes les espèces de mouvemens dont la bride est susceptible.

La position de la main la plus commode pour le cavalier, et pour la justesse des opérations de la bride, est généralement à six pouces du corps, et élevée à quatre au-dessus de l'encolure ; la main doit être plus basse que le coude, le poignet arrondi de façon que les nœuds des doigts soient directement au-dessus de l'encolure, les ongles vis-à-vis le corps, et que le petit doigt en soit plus près que les autres, le pouce sur le plat des rênes, qui doivent être séparées par le petit doigt, la rêne droite passant par dessus ; voilà la position que doit avoir la main gauche, et celle où il est le plus aisé de sentir les deux rênes avec égalité, c'est celle que doit prendre un homme qui monte un cheval dressé. (Lorsqu'on monte en particulier un cheval neuf, auquel on apprend à connoître les rênes, ou un cheval qui se défend, je n'assujettirai jamais à une posture fixe, étant permis à celui qui est en état de le monter de prendre des licences, et une position de mains telle qu'il lui soit plus facile d'opérer.)

La main placée comme je viens de le dire, le cavalier doit sentir la bouche de son cheval, c'est-à-dire, sentir l'appui du mors sur les barres, sans pour cela que le mors fasse un effet qui contraigne l'animal; c'est seulement pour établir un sentiment continuel entre la main de l'homme et la bouche du cheval.

J'ai dit, dans ma définition des *aides*, qu'on appeloit de ce nom tout ce qui avertissoit le cheval des intentions du cavalier; et, effectivement, quand vous faites agir légèrement une rêne, la rêne droite, je suppose, pour redresser le cheval de ce côté, ce n'est qu'un avertissement d'aller à droite, et ces avertissemens sont suffisans sur le cheval bien mis; mais s'il s'y refuse, pour lors, augmentant la force de votre rêne droite, vous lui faites sentir une douleur sur la barre du même côté, qui l'oblige à répondre à ce que vous lui demandez; c'est ainsi que l'on fait de la bride une aide, ou un châtiment suivant la force que l'on y emploie.

La main de la bride placée, voyons la façon dont elle doit travailler : comme je suppose toujours que, quand on prend la bride dans la main gauche, avec la position que je viens de décrire, on travaille un cheval dressé, les mouvemens de main doivent être très-légers ; mais, quelque petit que soit le mouvement de la main, le bras doit s'en ressentir et agir en proportion ; ceux qui veulent ne travailler que de l'avant-bras sont toujours gênés dans leurs mouvemens. Il faut, pour travailler avec liberté, que le bras prenne son point d'appui à l'épaule, sans lui communiquer aucune force.

Lorsqu'on a besoin d'arrêter ou diminuer le train de son cheval, les deux rênes doivent opérer également, et le poignet travailler, non de bas en haut, ni horizontalement, c'est-à-dire, droit au corps, mais bien dans la direction de la diagonale du carré formé par la ligne horizontale et la perpendiculaire. (*Voyez planche* 3.)

Démonstration.

La force supposée au point B ne doit point agir suivant les directions BA ni BC, mais dans la direction BF. Si le cheval a besoin d'être ramené, la main doit se rapprocher de BC, si au contraire, il s'encapuchonne, la main doit se rapprocher de BA. J'en donnerai la raison au chapitre de l'embouchure

Tous les temps d'arrêt doivent se faire par gradation (1), et on doit les proportionner à la sensibilité du cheval, mais en augmenter la force jusqu'à la douleur de la barre, pour en faire un châtiment s'il refusoit l'obéissance.

Quand, après avoir fait un temps d'arrêt, le cavalier rend au cheval, il doit observer le même moelleux, et ne rendre que petit à petit, et autant qu'il s'apercevra pouvoir le faire sans que le cheval se dérange.

Il est beaucoup de chevaux bien dressés, qui, au lieu de s'arrêter et d'obéir à un temps d'arrêt, cherchent au contraire à s'appuyer sur la main de leur cavalier, et à s'en aller; cela vient communément de ce que le cavalier ne s'aperçoit pas que la force qu'il emploie dans ses mains se communique à ses cuisses(2);

---

(1) Ce moelleux est très-essentiel à observer, car ce n'est jamais que les mouvemens saccadés de la main du cavalier qui ruinent les chevaux, en rejetant le poids de la masse sur les jarrets.

(2) Chez les chevaux doués de finesse, et presque tous les jeunes chevaux en ont assez pour s'apercevoir de la

cette faute est commune à tous les commençans ; il faut les accoutumer et leur recommander souvent de travailler de la main, sans communiquer de force à leur partie immobile ; car, lorsque la partie immobile reçoit de la force, nécessairement elle se dérange, et nombre de chevaux sont doués d'assez de finesse, pour que ce dérangement fasse effet sur eux.

Le poignet placé comme nous l'avons dit, si j'ai besoin de sentir la rêne droite, j'arrondirai un tant soit peu mon poignet, sans l'élever ; si je veux sentir la gauche, je mets un peu les ongles en l'air.

A mesure que nous expliquerons la façon de mener un cheval, nous expliquerons les effets de la bride.

On permet aux commençans, dans les manéges, et lorsque la main droite n'est pas occupée, de s'en servir pour tenir le bridon ou filet ; pour lors, elle en empoigne les rênes par dessus celles de la bride, les ongles en dessous, la main plus basse que la gauche, nous verrons son usage.

---

roideur et de la force que les cavaliers emploient dans leur partie immobile ; elle se fait ressentir dans les jambes, et elle donne de l'incertitude et de l'ardeur au cheval.

Cet article-ci finit l'instruction du cavalier sur le cheval par rapport à sa posture, et il doit avoir conçu et pratiqué tout ce que je viens de dire sur le cheval arrêté, avant de le faire cheminer : on regagnera bien le temps qu'auront fait perdre ces premières leçons, si elles sont bien conçues, car la lenteur des progrès est presque toujours occasionnée par de fausses attitudes, qu'il faut corriger et détruire.

Démonstration mécanique de la meilleure position de l'homme sur le cheval, par M. d'Auvergne, lieutenant - colonel de cavalerie, commandant l'équitation de l'école royale militaire.

L'union, l'équilibre et le mouvement des corps étant du ressort de la mécanique, il est clair que l'équitation ou l'art de monter à cheval peut être subordonné à ses lois, et si l'on avoit eu plutôt recours à cette science démonstrative, on auroit évité une marche équivoque, qui nous a conduits à tant d'erreurs : mais, tel est l'esprit humain, parvenant quelquefois à la démonstration des vérités les plus abstraites, il erre d'autres fois auprès des vérités les plus simples.

Dans tous les siècles on s'est occupé de l'art de monter à cheval, on a eu des praticiens, des maîtres, des méthodes, des in-folio. M. de Lubersac (1) est le premier qui ait eu quelque idée des principes naturels et mécaniques de cet art. Un de ses écoliers, dont la réputation est au-dessus de ce que je pourrois en dire, joignant des connoissances mathématiques à la pratique la plus suivie, fit enfin, il y a quelques années, la démonstration suivante.

Je ne me suis permis que de l'amplifier de quelques lignes, par lesquelles j'ai cru pouvoir la rendre plus claire, à ceux qui n'ont encore qu'une légère idée de l'équitation.

Démonstration.

Le centre de gravité de l'homme est dans

---

(1) M. de Lubersac étoit un élève de M. de Salver : il obtint une place de sous-écuyer à la grande écurie ; il quitta cette place pour prendre une compagnie de cavalerie, et, pendant les guerres de Bohême, Louis XV le rappela à Versailles. Il rentra à la grande écurie, d'où il sortit pour prendre une cornette des chevau-légers de la garde, où s'éleva, sous son commandement, cette fameuse école des chevau-légers, qui a fourni à la cavalerie les sujets les plus distingués. M. de Lubersac est mort maréchal-de-camp.

(47)

une ligne verticale, qui prend du sommet de la tête, et se termine à l'os pubis (1).

Le centre de gravité du cheval est dans une ligne verticale, qui prend au milieu du dos de l'animal, et se termine à la pointe du sternum (2).

Il faut que l'homme soit placé à cheval de manière que la ligne verticale, dans laquelle se rencontre son centre de gravité, se trouve directement opposée à la ligne verticale du cheval, dans laquelle se rencontre aussi son centre de gravité, et qu'elles ne forment plus qu'une seule et même ligne droite; les deux corps seront par conséquent en équilibre.

Dans tous les mouvemens de l'animal, sa ligne verticale changeant, celle de l'homme doit changer aussi, et ne former qu'une seule et même ligne droite; si elles formoient un angle, les deux corps se choqueroient à chaque instant, et par conséquent perdroient de leur force et de leur vitesse. (*Axiome.*)

Ce que nous venons de dire est pour la position du corps seulement; si ce corps n'avoit

___

(1) L'os pubis fait partie des os des îles qui forment le bassin du squelette, c'est la partie antérieure.

(2) Le sternum est une pièce partie osseuse et partie cartilagineuse, située à la partie inférieure du thorax ou de la poitrine.

rien qui le contînt en équilibre, il tomberoit au moindre mouvement de l'animal; les cuisses et les jambes, qui embrassent le cheval, lui servent de contre-poids, et ces parties unies avec le corps du cheval, forment l'équilibre de toute la machine.

Les jambes et les cuisses ne peuvent former l'équilibre avec le corps, qu'au moyen de leur poids, ces parties doivent donc être absolument sans force ni roideur, pour en obtenir toute la pesanteur.

(*Planche* 4.) Nous considérons le corps comme une puissance P, qui tire verticalement et avec l'effort de la pesanteur du corps.

Nous considérons les cuisses comme une autre puissance Q, qui tire suivant une verticale prise du centre de gravité de la cuisse, et qui fait l'effort de la pesanteur de la cuisse.

Nous considérons de même les jambes comme une puissance R, qui tire verticalement et avec l'effort de leur pesanteur.

Ces trois puissances sont parallèles, étant toutes verticales; il sera aisé de leur trouver une résultante.

On en trouvera d'abord une de la puissance du corps avec celle de la cuisse, ensuite une autre composée de cette résultante avec la puissance de la jambe ; cette dernière résultante attirera tout le corps de l'homme en avant, ce qui doit être pour l'empêcher de tomber en arrière, quand le cheval se porte en avant.

La masse de la machine animale étant portée en avant, et soutenue par le moyen de ces quatre colonnes, le corps de l'homme tomberoit en arrière, s'il n'étoit attiré en avant par le contre-poids des cuisses et des jambes, mais ce contre-poids, ou les puissances des cuisses et des jambes, dont nous venons de parler, sont portées en avant avec la masse de l'animal.

La résultante qui attire le corps de l'homme en avant, l'y attirera dans le moment où l'animal se porte en avant, et empêchera le corps de tomber en arrière ; donc c'est la pesanteur des cuisses et des jambes qui contient le corps, et l'empêche de faire des mouvemens irréguliers qui contrarieroient l'animal.

La ligne verticale du corps de l'homme le partageant en deux parties égales, il suit de là, que la cuisse et la jambe droite font équilibre avec la partie droite du corps, et que la cuisse et la jambe gauche font équilibre avec la partie gauche ; c'est pourquoi il est essentiel, pour conserver ces équilibres, d'embrasser également son cheval avec les deux cuisses

4

Si on ne l'embrasse pas également, il n'y a plus d'équilibre; cela se sent aisément, parce que plus de pesanteur dans l'un des deux poids attire l'autre, et fait pencher la machine.

Par ce que nous venons de dire, on voit que l'homme est divisé en trois parties, en corps, cuisses et jambes. Le corps et les jambes sont deux parties qui doivent être mobiles, les cuisses doivent être immobiles, et ne former qu'un seul et même corps avec le cheval.

Le corps de l'homme doit être mobile, pour que sa ligne verticale puisse toujours se démontrer en ligne droite avec celle de l'animal, et changer ainsi que la sienne à chaque mouvement qu'il fait.

La partie mobile des jambes est faite pour porter le cheval en avant, et lui faire exécuter tous les mouvemens dont il est susceptible.

Dans leurs opérations, il faut qu'elles gardent leur pesanteur, pour conserver leur fonction d'équilibre; ainsi elles doivent se fermer sans roideur: si on en employoit, le corps se porteroit nécessairement en arrière, quand on fermeroit les jambes.

Les bras, qui font l'effet des deux extrémités d'un balancier, doivent tomber également, pour ne pas déranger l'équilibre du corps; si, dans leurs différens mouvemens, on est obligé d'en éloigner un plus que l'autre, ou d'employer plus de force dans l'un que dans l'autre, il faut bien avoir attention que le corps n'ait point de part à leurs différens mouvemens, sans quoi l'équilibre se perdroit.

Si toutes les parties du corps de l'homme sont dans la position indiquée, la machine entière restera donc en équilibre, dans l'état de repos, et dans l'état de mouvement du cheval.

Ce qu'il falloit démontrer.

Je crois difficile d'établir et de démontrer une position sur le cheval qui soit plus conforme à la construction anatomique de l'homme, plus simple, plus commode et plus sûre. Je termine ici tous les raisonnemens qui me la font adopter dans l'état de repos ; et, en parlant des différens mouvemens de l'animal, je prouverai à chaque instant que cette même position de l'homme est la seule qu'on doive prendre et conserver toujours, pour tirer le plus grand parti du cheval, et en obtenir la souplesse, la grâce, la force, la vitesse, et la résistance dont il est susceptible.

*Méthode à suivre pour instruire un Élève dans
l'art de monter à cheval.*

C'est, je le répète, des premières leçons mal
données et mal conçues que proviennent toujours des attitudes forcées et gênées, qu'on ne
détruit qu'avec tant de peine.

Le zèle et la volonté d'un commençant le
font ordinairement roidir et contraindre, pour
se redresser et s'étendre, si le maître n'a l'attention de lui démontrer que la grâce ne peut
exister qu'avec l'aisance. Ce n'est qu'au bout
de quelques jours, que toutes les parties de
son corps auront appris la souplesse et l'habitude de la position qu'on lui demande.

L'on prendra toutes les précautions nécessaires pour conduire le cavalier par gradation,
en commençant par les mouvemens les plus
lents, les plus doux, les plus réguliers et les
plus unis, pour arriver, à mesure qu'il se con-
firmera dans sa posture, aux mouvemens les
plus rapides, les plus durs et les plus irréguliers.

Le pas uniforme sur une ligne droite sera
donc choisi pour les premières leçons, comme
l'allure la plus douce, et dans laquelle il est le
plus aisé de conserver son équilibre.

On se gardera bien de se servir de la méthode usitée dans presque toutes les écoles, de
commencer par faire trotter les cavaliers à la
longe sur des cercles, et souvent sur de jeunes
chevaux, dont l'allure irrégulière exige une
longue pratique pour n'en être pas déplacé ;
mais, quand même on choisiroit le cheval le
plus sage et qui trotte le plus régulièrement,
le corps, dans le mouvement circulaire, en
proie aux forces centrifuges et centripètes,
présente des difficultés pour conserver son
aplomb, difficultés qu'un commençant ne sauroit vaincre ; il n'est, dans ces leçons, occupé
que de se tenir par des moyens de force ; il
faut donc attendre qu'il soit bien confirmé
dans le mouvement simple et direct, avant de
le faire passer au mouvement composé et circulaire.

On donnera toujours au cavalier un cheval
mis ou dressé, afin qu'il puisse pratiquer les
préceptes qu'il a reçus ; alors, l'obéissance ou
la désobéissance de l'animal servira même à
l'avertir de ses fautes, il recevra de son cheval
une leçon continuelle.

Pour faciliter les moyens de donner leçon
aux commençans, et multiplier les précautions
contre les accidens qui pourroient arriver en
les mettant d'abord en plaine, on a imaginé

des espaces fermés, appelés *manéges*, assez vastes pour travailler les chevaux sur toutes les allures, mais pas assez grands pour que l'élève puisse cesser un instant d'entendre le maître ; ces manéges sont encore fort commodes pour dresser et assouplir les chevaux.(1).

Il y a des manéges de deux espèces, les uns couverts et les autres découverts.

Les premiers sont destinés à se garantir des mauvais temps, qui seroient un obstacle à la suite et continuité des leçons que l'éducation des chevaux exige.

Les seconds sont des espaces simplement limités par des barrières.

On a élevé dans toute la France des manéges destinés à l'instruction de la cavalerie, et c'est surtout depuis la paix de 1762, que ces édifices se sont multipliés à l'infini ; mais la forme qu'on leur a donnée, servira, tant qu'ils existeront, à prouver la fausseté de nos idées et de nos principes, sur les moyens de former de la cavalerie. Les planches des Newcastle et des

______

(1) L'hiver comme l'été, les cavaliers romains étoient régulièrement exercés tous les jours , et lorsque la rigueur de la saison empêchoit qu'on ne pût le faire à l'air , ils avoient des endroits couverts destinés à cet usage.(M. d'Autheville, au mot *Exercice* de l'Encyclopédie.)

la Guérinière ont servi de plan à nos archi-
tectes ; au lieu de donner à ces manéges la plus
grande longueur possible, on ne leur a donné
dans cette dimension que trois fois leur largeur ; c'était la proportion de ceux de Versailles , et personne ne s'éleva contre cette
imitation, absurde pour la cavalerie, car ce
n'est que dans des espaces longs qu'elle peut
décider et unir ses allures, qualités qui deviennent le principe de l'ordre, de l'ensemble,
et de la force de nos escadrons. D'autres raisons militent encore en faveur des espaces
vastes pour faire travailler la cavalerie, puisqu'il faut que ces manéges soient propres à
contenir un grand nombre de chevaux à la
fois ; et pour que ces chevaux ne s'y ruinent
pas promptement, il faut que les coins soient
assez éloignés, pour que les mouvemens directs ne soient pas réduits en mouvemens circulaires. La faute que l'on fit alors existe encore
aujourd'hui, et elle est d'une conséquence à
mériter l'attention du ministère. Si l'on ap-
prouve mes principes, et qu'il y ait encore des
manéges à élever, je conseille de leur donner
quatre-vingts pieds de largeur sur trois cents
pieds de longueur. Il y a deux manéges à Lunéville, dans lesquels soixante-douze hommes
marchent ensemble avec aisance. Ce sont les

seuls que je connoisse où la cavalerie puisse travailler avantageusement et sans se ruiner. Tous ceux de nos garnisons ne sont propres qu'à exercer une douzaine de cavaliers à la fois et en file.

On dira peut-être que les manéges sont inutiles, et que la cavalerie doit s'instruire en plaine ; je réponds que, tant que la saison permet à la cavalerie de sortir, il faut la mener dehors ; mais qu'en France, pendant cinq mois de l'année, les pluies, les neiges, les glaces, les frimas l'empêchent de sortir ; et que, lorsqu'elle n'a point de manége, elle reste dans une inaction nuisible à l'homme, et pernicieuse au cheval.

Quant aux manéges découverts, fermés par de simples barrières, ils doivent avoir à peu près les mêmes proportions ; je préfère ces derniers pour instruire les hommes, et les premiers pour instruire les chevaux.

Mais revenons aux leçons de mon cavalier ; après avoir démontré sa position, il me reste à fixer la marche que l'on doit lui faire suivre, pour la consolider ; et à indiquer la succession des leçons qu'il doit recevoir. Je n'entrerai que dans les détails des opérations qui servent à mener le cheval parfaitement dressé, car c'est de l'instruction de l'homme qu'il s'agit seulement ici, la seconde partie de cet ouvrage traitant suffisamment de celle du cheval.

Il n'est pas douteux, que la justesse de la posture de l'homme sur le cheval influe infiniment sur l'obéissance de ce dernier; il faut donc s'attacher premièrement à la conserver, et secondement à rendre les opérations des mains et des jambes du cavalier simples, faciles, et indépendantes du reste du corps.

Première Leçon.

Le cavalier prêt à marcher sera placé, ainsi que nous l'avons déjà dit, sur un cheval dressé et sage; il sera sans étriers, parce que ses cuisses n'ont pas encore acquis le degré d'allongement dont elles sont susceptibles, ses mains seront placées ainsi que je l'ai indiqué plus haut, tenant chacune une rêne du bridon. Il faut se garder de mettre le cheval en bride, parce que les commençans sont sujets à se tenir à la main, et par conséquent à gâter la bouche de leur cheval; d'ailleurs, il est nécessaire de leur expliquer et faire sentir l'effet des rênes, et le bridon devient beaucoup plus commode pour cet objet.

Afin de commencer par le mouvement le

plus simple et le plus aisé, on mettra le cheval au pas, sur une ligne droite AB. (*Planche* 5.)

En le supposant arrêté au point A, pour se porter au point B, ses bras, qui ne sont qu'à demi-tendus, se baisseront également, et assez pour donner pleine liberté au cheval de porter sa masse en avant, mais pas assez pour qu'il n'existe plus aucun sentiment entre les mains du cavalier et la bouche de son cheval.

Par une simple flexion dans les deux genoux, le cavalier fera sentir les premières aides de ses jambes au cheval, en se servant des moyens que nous avons expliqués en parlant des aides, et en observant de mettre beaucoup d'égalité dans les deux plis des genoux, afin que la direction du mouvement soit sur la droite AB. Car mon cheval est dressé, comme on le verra par la suite, à se porter à gauche si la jambe droite de l'homme donne plus d'aide, et à droite si c'est la gauche qui en donne le plus. La ligne droite est, dans ce cas-ci, la résultante de deux forces égales en direction opposée (1).

---

(1) Je préfère les manéges découverts pour instruire les hommes, parce que, n'ayant point le secours du mur pour contenir leurs chevaux droits, ils sont obligés d'employer leurs deux jambes avec justesse; au lieu que les

Il est évident que la position la plus avantageuse au cheval, est celle dans laquelle il sera
parallèle à la ligne 1, 2, puisque celle qu'il
suit lui est parallèle, et qu'il ne peut la quitter
sans allonger son chemin. Toute l'attention
du cavalier doit donc être portée à contenir
son cheval dans cette direction ; il y aura peu
de peine, puisque mon cheval est dressé, il
lui suffira seulement d'opérer toujours en
proportion de la lenteur ou de la vitesse que
le cheval mettroit dans son allure.

Nous avons vu que le corps établi d'aplomb
sur sa base, étoit placé le plus solidement possible, mais que si cette base, ou le corps du
cheval, venoit à se porter en avant, le corps
de l'homme tomberoit nécessairement en ar-
riere, si quelque puissance ne le soutenoit,
et ne l'attiroit en avant. Nous avons démontré
que la résultante du poids des cuisses et des
jambes emportées avec le cheval, faisoit un
effort capable de soutenir ce corps, et l'empêcher de tomber en arrière ; mais si cette loi est
suffisante pour l'équilibre, lorsque le cheval

écoliers habitués aux manéges fermés de murs, ne travaillent ordinairement qu'avec la jambe de dedans, et se
trouvent très-dérangés lorsque le mur leur manque.

est dans un état de mouvement uniforme, elle devient insuffisante, dans l'instant où l'animal passe de l'état de repos à l'état de mouvement; parce que l'à-coup de ce changement d'état donne une impulsion au haut du corps de l'homme, qui tend à le laisser en arrière; et, plus il y aura de différence entre le repos et la vitesse, plus l'à-coup et l'impulsion seront considérables, et plus aussi l'aplomb de l'homme sera difficile à garder. Il est donc premièrement bien essentiel de n'employer aucune force dans les opérations des jambes, ce qui leur feroit perdre de l'effort qu'elles font par leur pesanteur, conjointement avec les cuisses, pour attirer le corps en avant.

La partie immobile, emportée avec le cheval qui se meut directement, attire nécessairement le corps de l'homme, auquel elle sert de base; les points du corps les plus près des fesses de l'homme, seront ceux qui seront les plus attirés, et cette force d'attraction en avant, diminue proportionnellement en s'approchant du sommet de la tête de l'homme; c'est ce qui fait que si, dans un moment inattendu, un cheval passe subitement de l'état de repos au mouvement direct, les reins de l'homme cèdent à l'impulsion, en fléchissant en avant, et le haut de son corps reste en arrière; il est donc nécessaire que l'homme se précautionne, non-seulement par une résistance dans ses reins, mais même que ses muscles lombaires donnent une légère impulsion à son corps, pour le porter parallèlement en avant à l'instant de la motion de l'animal ; il est inutile d'expliquer ainsi le principe en donnant leçon, il suffit de dire à l'homme, comme méthode générale, *que tout votre corps se porte en avant en même temps que l'animal*, car ce mouvement dans les muscles lombaires est aussi naturel à cheval qu'à pied.

Le cheval et l'homme, mis en mouvement avec ces précautions, conserveront leur centre de gravité dans la même verticale ; et, étant sur la direction AB, le cheval continuera à se mouvoir uniformément, si les aides se continuent avec gradation. Il ne s'agira que de continuer les mêmes causes pour obtenir les mêmes effets. Il semble que ce seroit ici le moment d'exposer comment le cheval peut sortir de la direction qu'on lui a donnée, et les moyens de l'y faire rentrer ; mais ce seroit confondre les deux parties de l'art de monter à cheval, et c'est de la position de l'homme seulement dont il s'agit dans ces premières leçons.

En parcourant la ligne AB, on fera sentir au

commençant l'effet des poids et contre-poids
de chacune de ces parties, qui doivent toutes
tirer sur leur attache, savoir : les genoux tirés
et pressés sur la selle par le seul poids des
jambes, et les cuisses tirées et pressées sur la
selle par leur propre poids.

La charge égale sur ses deux fesses l'avertira
que son corps n'est penché ni à droite ni à
gauche, car l'inégalité de cette même charge
l'avertiroit que le corps est penché du côté de
celle qui supporteroit le plus grand poids.
Chaque pas de l'animal produit une petite
secousse imperceptible de haut en bas dans
tout le corps de l'homme, ce qui semble l'inviter à y céder, en se relâchant de plus en
plus ; cette petite secousse aidera les cuisses à
s'allonger et à se mettre sur le plat, et les jambes
à se placer plus tombantes et plus près du
corps du cheval. Quelques maîtres pourroient
être tentés de nier cette vérité ; mais, pour s'en
convaincre, qu'ils interrogent les commençans, ceux-ci certifieront qu'ils se placent plus
facilement sur un cheval en mouvement que
sur un cheval arrêté.

Il n'est point nécessaire que le cheval, en
cheminant sur la droite AB, ait l'encolure
pliée à droite, comme on le recommande dans
presque toutes les écoles ; je remarquerai, au

contraire, que cette position d'encolure à droite rejette ordinairement les épaules du cheval à gauche, contrarie sa marche, en un mot, le met de travers et hors de son aplomb. Je sais qu'un cheval de manége, dans un passage tride, ou une galopade raccourcie et enlevée, acquiert de la grâce aux yeux des spectateurs par cette position d'encolure; mais ce n'est ni de tours, ni de gentillesses dont j'entends parler dans cette instruction; je n'entends parler que des principes certains et démontrés de l'art de monter et dresser les chevaux pour la guerre; or, je me réserve de montrer par la suite, combien il est essentiel que les chevaux soient absolument et rigoureusement droits pour l'ensemble et le train de nos escadrons, qui ne doivent connoître ni passage ni galop enlevé; mais seulement un trot franc et un galop décidé.

Lorsque le cavalier a le mur ou la barrière du manége à sa gauche, et l'espace du manége à sa droite, on dit qu'il marche à droite, et *vice versá*, on dit qu'il marche à gauche.

Arrivé au point B, le cheval ayant la tête dans le coin, et ne pouvant plus cheminer devant lui, il faut le tourner à droite, pour le mettre sur la nouvelle direction BC; pour opérer cet à-droite, le cavalier ouvrira son bras droit à droite, en augmentant la force de sa rêne droite, pour déterminer les épaules de son cheval à embrasser le terrain de ce côté, son bras gauche empêchera que l'encolure seule obéisse au mouvement de sa rêne droite, en retenant la tête et l'encolure; il augmentera en même temps l'effet de ses jambes, pour que les opérations des mains ne ralentissent pas le mouvement de la masse; la jambe gauche surtout empêchera le cheval de se jeter à gauche, et au contraire aidera à porter la masse de l'animal à droite. Dans ce petit mouvement circulaire de l'animal, la partie gauche de l'homme ayant à décrire un plus grand cercle que la partie droite, il faut prendre garde qu'elle ne reste en arrière comme la force centrifuge tend toujours à l'y jeter; mais ce n'est pas, comme l'enseignent plusieurs maîtres, l'épaule de dehors seulement qu'il faut avancer, c'est toute la partie gauche, qui doit suivre ce mouvement provenant surtout de la hanche.

Le cheval ayant passé le coin, et se trouvant sur la droite BC, les lignes des épaules et des hanches de l'homme doivent être perpendiculaires sur le côté 2, 3. L'élève cheminera sur cette ligne comme sur la précédente, et, arrivé au point C, emploiera les mêmes moyens pour passer le coin et reprendre la direction CD.

J'ai fait jusqu'à présent l'énoncé de tous les principes de la position de l'homme, c'est à celui qui donne leçon à apercevoir les fautes que l'élève commet, à le reprendre, et se servir des meilleurs moyens pour le corriger.

Lorsque le commençant aura fait ainsi plusieurs tours marchant à main droite, on lui fera faire un à-droite au point M, ou à tel autre que l'on voudra, pris sur les côtés 1, 2; 2, 3; 3, 4; 4, 1, et, traversant le manége E perpendiculairement à sa longueur ou largeur, partant par exemple du point M par un à-droite, et arrivant au point M en faisant un à-gauche, en employant les moyens contraires à ceux qu'il a employés pour faire à droite, il se mettra sur la direction MB, où, marchant et tournant alors à main gauche, il pratiquera les moyens nécessaires pour mener son cheval droit.

L'à-gauche que l'on fait pour passer de la ligne MM sur la ligne MB, s'appelle en terme de manége un changement de main ; on peut aussi l'exécuter par des demi-à-droite et demi-à-gauche, en traversant diagonalement le manége.

Après une leçon d'un quart d'heure, plus ou moins, jugée suffisante par le maître, il fera faire halte au commençant. Je le suppose arrivé au point E, afin de laisser la liberté des murs à ceux qui pourroient travailler après. On lui commandera *halte*, ce qu'il exécutera en diminuant l'effet de ses jambes, et formant un arrêt avec égalité de force et de direction dans ses deux bras. Si la tête, l'encolure et les épaules sont bien sur la même direction, le cheval obéira avec précision.

Nous avons vu, dans le passage du repos au mouvement à l'instant du départ, que le corps de l'homme étoit sujet à faire un mouvement en arrière ; par la raison contraire, à l'instant de la cessation du mouvement, son corps est sujet à faire un mouvement en avant ; il faut, pour l'éviter, que le cavalier se précautionne par une résistance dans les reins, qui arrête la continuité d'impulsion que le corps a de cheminer. Ces mouvemens ne se font sentir que très-légèrement dans les allures lentes, et par conséquent pourroient être niés par ceux qui n'ont pas approfondi leurs remarques sur l'équitation. Pour se convaincre que cette impulsion existe et se fait sentir dans l'instant de l'arrêt, il n'y a qu'à passer d'une allure vive à la cessation totale du mouvement.

Je ne sais si c'est pour avoir aperçu cette impulsion et pour y remédier, que quelques

maîtres donnent le principe de mettre le corps
en arrière en formant un arrêt, principe que
j'ai démontré faux, et que je condamne encore ici comme inutile, puisqu'une légère résistance dans les vertèbres lombaires suffit;
principe faux encore, en cela même qu'il est
vague et indéterminé.

Cette leçon sera répétée alternativement aux
deux mains, jusqu'à ce que le maître juge le
commençant assez solide pour n'être pas dérangé par une action plus vive.

Deuxième Leçon.

La deuxième leçon commencera, comme la
première, par quelques tours de manége à
droite et à gauche, et des changemens de main
en lignes perpendiculaires et diagonales, prises sur différens points des côtés du rectangle
ABCD, mais le pas du cheval sera un peu plus
déterminé et allongé par le moyen des aides
du cavalier; pendant les premiers tours, on le
fera plusieurs fois arrêter et repartir, afin de
le familiariser avec ces mouvemens, jusqu'à ce
qu'il n'en soit plus ébranlé.

L'instant où le commençant sera le plus juste
et le plus aisé, sera celui que le maître choisira pour le faire passer à l'allure du trot; pour

cela, il lui fera augmenter les aides des deux jambes également et uniformément.

Dans ce passage subit de l'allure du pas à celle du trot, il faut avoir la même précaution, pour conserver son corps perpendiculaire, que dans le passage primitif du corps au mouvement, et il en sera ainsi toutes les fois que les allures augmenteront en vitesse.

L'action du trot étant opérée, comme nous l'expliquerons, par les foulées successives de chaque bipède diagonal, c'est l'allure la plus difficile pour la liaison de la partie immobile de l'homme au corps du cheval; car, à chaque temps de trot, il se fait sentir sous les fesses de l'homme une impulsion qui tend à les élever de dessus la selle, où elles retombent dans l'intervalle des foulées.

Il est évident que, pour être moins enlevées, il faut que les fesses soient chargées le plus possible, c'est-à-dire, que la ligne verticale du corps tombe perpendiculairement sur leur milieu; secondement, il faut que la roideur ne fasse rien perdre du poids des cuisses et des jambes, qui, attirant aussi les fesses par leur pesanteur, les rendront d'autant plus immuables qu'elles auront plus de pesenteur; aussi voit-on que l'homme en bottes fortes est plus lié à son cheval que celui qui est en bottes molles; ce

qui prouve évidemment que toute force, dé-
truisant l'effet des poids, s'oppose nécessairement à la liaison de la partie immobile. Les
forces de pression que l'on emploieroit, deviendroient un obstacle à ce que l'assiette eût
un appui continuel sur la selle; car la pression
des cuisses les empêche moins de remonter
lors du choc des foulées, qu'elle ne les empêche de redescendre, en sorte que la désunion
s'augmente à chaque temps de trot, dans la
proportion de l'inégalité de la réaction à l'action.

Le seul principe de liaison à donner, est
d'obtenir toute la pesanteur de ses cuisses et de
ses jambes, et de s'appliquer à détruire tout
obstacle qui pourroit empêcher de retomber
dans la selle sitôt après le choc.

C'est principalement dans cette allure du
trot, que le commençant fera des progrès rapides, et ils le seront d'autant plus, qu'on ne
sera pas pressé de l'y faire passer.

On le jugera en état de trotter, lorsqu'au
partir de son cheval il ne se roidira pas. Il parcourra au trot les mêmes lignes qu'il a parcou-
rues au pas; on l'y remettra plusieurs fois
pendant la reprise, afin de lui faire connoître
et sentir l'effet de ses opérations de jambes et
de mains, dans les changemens subits d'allures.

Il est très-essentiel qu'à l'instant des à-droite, des à-gauche, ou des arrêts, il travaille des bras, en prenant son point d'appui aux épaules, et sans communiquer la moindre force au reste du corps, défaut assez ordinaire aux commençans.

L'élève acquérant habitude, solidité et confiance, ses cuisses seront bientôt allongées et sur leur plat, et elles se fixeront, à mesure que les muscles qui les garnissent s'aplatiront en se relâchant.

On ne peut déterminer le temps qu'on laissera le cavalier à cette leçon ; il sera relatif à ses progrès, c'est au maître à les juger.

On lui fera décrire différentes lignes dans le manége, afin de le confirmer dans ses opérations de mains et de jambes, et l'on prendra aussi les changemens de mains par les demi-à-droite et à-gauche, suivant les diagonales GG.

Il est temps alors de faire changer de cheval à l'écolier, et cela est facile, parce que l'on en instruit presque toujours plusieurs à la fois ; mais, je l'ai déjà dit, ce ne sera jamais que des chevaux faits qui seront destinés à cette école, et l'avantage de ces changemens de chevaux n'est fondé que sur la variété des allures plus ou moins douces.

On exigera alors que le trot soit franc et allongé, et si l'assiette conserve une certaine
immobilité, on permettra quelques tours de
galop. Mais il ne s'agit point d'expliquer ici
ni de faire étudier à l'élève l'accord qu'il doit
mettre entre ses mains et ses jambes pour
faire partir son cheval uni, soit sur les pieds
droits soit sur les pieds gauches; ce sont des
opérations qu'il ne pourra comprendre que
quand il sera d'une certaine force, et assez uni
et lié pour sentir ce qui se passe sous ses fesses
et ses cuisses. Nous traiterons de ces moyens
dans la seconde partie, notre objet étant,
dans ce moment, l'exacte union des deux machines.

On prendra donc l'instant où le cavalier sera
le plus lié à son cheval, et où ils seront l'un
et l'autre le plus d'aplomb, pour commander
au galop. Le cavalier fermera ses deux jambes
également, en sentant un peu plus la rêne de
dehors que celle de dedans, et s'il est nécessaire, le maître aidera en montrant sa chambrière, et même en en attaquant légèrement le
cheval derrière la botte.

Le galop étant une répétition suivie de petits
sauts en avant, il est démontré que la ligne
horizontale du corps du cheval change à chaque instant, et devient oblique à ce même

horizon, tantôt en enlevant le devant, lorsque les jambes de devant sont en l'air, tantôt en enlevant le derrière lorsque les jambes de derrière sont en l'air; de sorte que, dans l'exactitude géométrique, le plan horizontal qui sert de base à l'homme dans l'état de repos du cheval, devient un plan incliné dans le galop, mais il est évident que, quelque direction que prenne le corps de l'animal, lorsque quelques-unes de ses jambes quittent terre, la ligne verticale par laquelle passe son centre de gravité reste toujours perpendiculaire à l'horizon, et nous avons démontré que, pour que le corps de l'homme restât en équilibre sur celui du cheval, il falloit que les deux lignes verticales de ces deux corps fussent toujours confondues en une seule et même ligne droite; il s'en suit donc qu'il faut que le corps de l'homme reste toujours perpendiculaire à l'horizon : si le corps de l'homme étoit d'une seule pièce, comme une verge inflexible AB (*planche* 2, *fig.* 2), lorsque la direction de sa base CD viendroit à changer en CK, A viendroit nécessairement en F, pour lors son centre de gravité O tomberoit en P, à moins qu'une force OG, ou toute autre, ne détruisît l'effet de la pesanteur.

La force OG est la tenue à la main que prennent ordinairement ceux qui se renversent à cheval, c'est-à-dire, ceux qui ne conservent pas leur corps dans la direction AB. Mais le corps de l'homme n'étant pas inflexible, et ayant une charnière dans ses vertèbres lombaires qui lui permet de le mettre soit en avant soit en arrière, elle doit être très-moelleuse, afin que le corps change à chaque instant par rapport à sa base, et jamais par rapport à l'horizon.

C'est au galop que la division de l'homme en trois parties, deux mobiles et une immobile, est la plus apparente; puisque l'immobile, liée et emportée par le cheval, suit ses mouvemens et ses nouvelles directions, au lieu que les fonctions des deux mobiles sont de varier sans cesse, afin de conserver l'équilibre de la machine entière; les plis des genoux étant parfaitement relâchés, les jambes auront à chaque instant la position que prendroient d'eux-mêmes des étriers pesans suspendus à des fils, c'est-à-dire, que la jambe formera avec la cuisse un angle d'autant plus aigu, que le devant du cheval sera plus enlevé.

Il est donc essentiel, dans cette allure du galop, de recommander sans cesse au cavalier de rendre souples et moelleuses ses charnières des reins et des genoux; car si ces deux par-

ties cessoient un instant leurs fonctions, l'é-
quilibre seroit perdu.

Les premières fois que le cavalier galopera,
on le remettra toujours au trot pour le faire
changer de main, et repartir sur la ligne
droite, par les mêmes moyens que nous avons
indiqués plus haut.

Il ne faut demander au commençant que la
régularité de sa posture, et l'on doit s'en tenir
à cette leçon, jusqu'à ce qu'on juge que ses
cuisses et ses jambes ont pris le degré de tension et de relâché qu'elles doivent avoir.

Troisième Leçon.

Il est temps de permettre au cavalier l'usage
des étriers, des éperons et de la bride.

Il sera aisé de fixer la longueur des étrivières, ou porte-étriers; puisque le cavalier est
supposé avoir acquis le degré de tension dont
ses cuisses sont susceptibles; il les chaussera
de manière que le gros de son pied porte sur
la grille, pour lors le talon, qui se trouvoit
plus haut que la pointe du pied, deviendra plus
bas d'environ un pouce, et la grille de l'étrier
se trouvera supporter le poids de la jambe.

En se ressouvenant de l'utilité et de la nécessité du poids des jambes, pour concourir

à l'équilibre de la machine, on doit sentir combien il est essentiel que les étriers ne soient pas trop courts; car, dès lors, il est évident qu'ils anéantiroient l'effet de la pesanteur des jambes, par rapport à leur traction sur les genoux. C'est au froncement qui se fera sur les coudes-pieds du cavalier, et au baissement de ses talons, qu'on jugera du trop grand raccourcissement des étrivières.

L'inconvénient des étrivières trop longues n'est pas moins grand que celui des étrivières trop courtes, puisque le cavalier ne peut alors faire porter ses pieds sur la grille, qu'en la cherchant, en baissant et appuyant les pointes; alors les talons lèvent, les jambes se roidissent, l'étrier ne porte rien, et est perdu au moindre contre-temps qu'éprouve l'homme.

Les étrivières trop longues ou trop courtes sont donc deux défauts essentiels, qui contrarient la position et dérangent l'équilibre, la grâce et la tenue du cavalier.

Il est plus commun de voir des étrivières plutôt trop longues que trop courtes; cela est une suite des principes que donnent certains maîtres, qui, sans avoir jamais raisonné leur art, prétendent que le corps, les cuisses et les jambes doivent être sur une seule et même ligne.

Le cavalier armera ses talons d'éperons. Ils doivent être fixés au talon de la botte, la molette directement sur la couture, l'axe de la molette doit être horizontal à la terre, et non perpendiculaire, comme quelques personnes les portent; parce que, ainsi placés, lorsqu'on s'en sert, ils déchirent et ne piquent pas.

Les éperons doivent être placés bas, parce que le cavalier en sera plus sûrement maître, et qu'il est des occasions, par exemple dans l'escadron, où ses jambes étant pressées, si ses éperons étoient hauts, ils porteroient involontairement.

Nous avons déjà parlé de la manière de se servir des éperons, nous en parlerons encore dans la seconde partie, comme d'un moyen propre à donner aux jeunes chevaux la connoissance des aides.

L'élève a dû comprendre jusqu'ici les différentes opérations de ses mains par rapport au cheval, et connoître l'effet de ses rênes, qu'il tenoit séparément; la position de sa main gauche, tenant les rênes de la bride, lui a été expliquée sur le cheval immobile, ainsi que l'usage de sa main droite, tenant le petit bridon appelé filet. Il suffit ici de savoir que les opérations indiquées produisent les effets que l'on demande, et ce ne peut être que dans la seconde partie, en parlant des mouvemens de l'animal, que nous en prouverons mécaniquement la sûreté.

L'élève travaillera ainsi dans le manége découvert, aux deux mains sur toutes les lignes, et, sur les trois allures, il pratiquera les opérations des mains et des jambes indiquées pour tenir son cheval droit et dans un train égal. Deux choses principales doivent devenir l'objet de son attention particulière, savoir, la fixation et justesse de sa main gauche, et la pesanteur de ses jambes conservées sur ses étriers dans l'instant où elles se ferment.

Les étriers deviennent une espèce de balance, qui sert à avertir le cavalier du déplacement de son corps, ou de la roideur de quelques-unes de ses parties, et, au bout de quelques jours, ils lui donnent le sentiment d'une justesse qu'il n'avoit pas encore connue.

Je termine ici tout ce que je peux dire sur la position et sur les fonctions de chaque partie du corps de l'homme à cheval ; c'est en conservant cette posture, et en faisant mouvoir ses parties mobiles, selon les lois indiquées, qu'il parviendra à subjuguer et maîtriser le cheval le plus ardent, et à en tirer des services incroyables, que n'en obtiennent jamais ceux qui en ignorent l'art.

Du Cheval.

Avant de passer aux leçons de cette seconde partie, jetons un coup-d'œil sur l'espéce et la qualité des chevaux que l'on vient offrir aux écoles et destiner au service ; ce n'est plus ces poulains fiers, gais et vigoureux élèves de la nature, ce sont des animaux lâches, tristes mous et défigurés, portant déjà toutes les marques de la domesticité, et le plus souvent même mutilés par la cruelle ignorance de leur maître.

On oublie que l'éducation de nos haras doit imiter celle de la nature ; on y méprise ses lois si simples et si sûres, pour recourir à des méthodes consacrées par une antique ignorance. Aussi, que de sujets tarés, que de poulains déprisés sortent de ces établissemens élevés à grands frais (1). L'homme aura beau raisonner, tant qu'il cherchera à corriger la nature au lieu de l'écouter, de la suivre et l'aider, il sera dans le chemin de l'erreur.

---

(1) Le haras du Roi ne fournit que très-peu de chevaux à ses écuries : on n'a pas vu dix beaux chevaux sortir du haras de Rosières en Lorraine.

Non-seulement nous sommes en faute envers la nature dès la copulation du mâle et de la femelle, mais même avant, par le choix que nous faisons des pères et des mères dont on veut tirer de la race. La figure et la taille de l'étalon sont les deux seuls objets qui nous occupent : l'âge est compté pour rien ; il suffit qu'il puisse servir pour qu'on n'y fasse aucune attention (1), ses qualités, sa vigueur, son épuisement, toutes ces choses ne sont point remarquées ; elles sont pourtant plus essentielles que la figure, car nous rencontrons à chaque pas de beaux et de mauvais chevaux ; mais, je veux que l'étalon soit bien choisi, qu'il ait toute la vigueur et les qualités requises ; le service du haras en fera indubitablement, en deux ans, un fort mauvais cheval, qui ne produira plus qu'une quantité de rosses. Pour entretenir cette vigueur, qui doit être transmise à sa race, il faut que le cheval mène une vie qui la lui conserve, le travail lui est particulièrement nécessaire ; cependant, dans tous nos haras, il n'en fait point,

---

(1) Il y a, au moment où j'écris, un cheval au haras du Roi, qui a été acheté 5,000 liv. ; il est aveugle et a plus de vingt ans.

car on ne peut donner ce nom à quelques tours qu'on lui fait faire une fois ou deux par semaine au bout d'une longe et sans être monté; le cheval, ainsi gouverné, peut à juste titre perdre le nom de cheval, car il n'en a plus les qualités, pour prendre celui d'étalon; aussi le degré de leur valeur est-il toujours mesuré par la quantité de jumens qu'ils sont en état de saillir chaque saison, et par la promptitude avec laquelle ils servent les jumens qu'on leur présente. Echauffé par les alimens, provoqué par les jumens qu'on met auprès d'eux, ils semblent acquérir tous les jours plus de qualités pour la génération; mais l'art est ici en défaut, la nature est toujours la même, elle perd indubitablement en qualité ce qu'elle paroît gagner en quantité.

Les Anglais, plus amateurs et plus vrais connoisseurs que nous en chevaux, nous donnent à cet égard un exemple qui devroit pourtant nous frapper; ils recherchent avec grand soin les étalons qui se sont distingués dans les courses, ils achètent à des prix extraordinaires la permission de faire saillir de bonnes jumens par ces chevaux; aussi rarement l'effet trompe-t-il leur attente; si le poulain arrive à l'âge de 5 ans sans accident, il leur regagne ordinairement bien au-delà de ce qu'il coûte.

Il est indubitable que les qualités se perpé-
tuent, elles devroient donc déterminer dans
le choix des pères (1).

L'on est encore moins délicat sur les mères;
pourvu qu'elles aient un bon coffre, c'est à
peu près la seule qualité qu'on recherche:
sont-elles vicieuses, tarées, lâches et molles,
estropiées même ? c'est au haras qu'on les re-
lègue ; il est rare d'y voir des jumens qui n'y
aient pas été envoyées pour quelques-unes de
ces causes : on les fait servir par un étalon
frais ou fatigué, pourvu qu'elles retiennent,
c'est tout ce qu'on demande. Pendant le temps
de la portée, il n'est point question de l'exercice de la jument, enchaînée dans une écurie
quelquefois trois mois de suite, d'autres fois
tourmentée par un travail qui l'échauffe, souvent mal nourrie ; enfin, elle met bas, et

---

(1) Les amateurs de chevaux se multiplient en France,
c'est à l'exercice des courses que nous sommes redevables
de ce goût et des connoissances qu'acquièrent tous les
jours nos princes et de riches particuliers, qui peuvent se
donner le délicieux plaisir d'élever le plus beau et le plus
utile des animaux. C'est aux soins et aux connoissances
de MM. le Voyer, de Conflans, de Bridge, etc., que nous
devons cette petite quantité de superbes étalons qui sont
aujourd'hui en France.

donne presque toujours un poulain, qui n'a pas même la figure de son père. Ces animaux ne sont pas plutôt nés, qu'on leur circonscrit un terrain, dont les bornes étroites ne permettent pas à leurs corps et à leurs membres de faire de l'exercice et de se développer; c'est ordinairement le cercle juste qui est absolument nécessaire à la nourriture de la mère, nourriture mal saine, par cela même qu'elle est renfermée dans un trop petit espace, qui ne lui permet pas de la choisir.

C'est dans ce régime de vie que l'on entretient le poulain, jusqu'à ce que, quittant la mamelle, on le sépare, on l'enchaîne à l'écurie; ou, s'il reste dehors, des cordes, des chaînes même, lui lient les jambes, de peur qu'il ne les exerce: c'est peu encore de s'opposer au développement de la nature, il faut que la plus cruelle des opérations vienne l'étouffer: à dix-huit mois on coupe le poulain, c'est le détruire avant qu'il soit né : aussi, dès cet instant, porte-t-il tous les signes de la foiblesse qu'il conservera pendant sa vie; l'encolure cesse de grossir, les muscles ne prennent point ces formes carrées et dessinées qui annoncent la vigueur du mâle; les poils sont longs, il en reste beaucoup aux jambes; les crins, au lieu de devenir lisses, brillans et on-

dulés ressemblent à des étoupes : enfin, l'âge
de le vendre arrive, et l'on nous amène ces
bringues défigurées pour nous remonter. Ne
reviendrons-nous jamais de cette ancienne et
bizarre méthode européenne, de hongrer les
chevaux, et de détruire ainsi la moitié de leur
force et de leur courage ? L'expérience a beau
nous démontrer tous les jours qu'il n'y a que
les chevaux entiers capables de faire ces travaux excessifs du roulage, des postes, des ri-
vières, etc. ; pour le métier de la guerre, qui
ne demande pas moins de force et de résistance, nous ne nous servons que de chevaux
hongres ; parce que d'anciens préjugés nous
font suivre une ancienne routine : que d'accidens, dit-on, il arriveroit ? Mais en Perse,
mais en Arabie, où ce barbare usage est inconnu, et plus près de nous encore, la cavalerie espagnole, comment fait-elle ? ses chevaux sont-ils d'un autre acabit que les nôtres ?
sont-ils moins propres à la génération ? Cependant on les contient, on les maîtrise, et il
n'y a pas plus d'accidens, pas plus de jambes
cassées en Espagne qu'en France. Mais, pour
prouver qu'il y a sur cet objet plus de préjugés que de raison, il y a vingt ans que l'on
n'auroit pas osé, dans Paris, atteler son carrosse
de chevaux entiers ; on disoit aussi : que de

risques à courir si l'on rencontre des jumens !
Aujourd'hui, il n'y a point de femme qui ne
monte avec sécurité dans un carrosse attelé de
chevaux entiers ; et point de cocher qui ne se
range dans une cour d'hôtel et de spectacle
avec confiance, à son tour, et sans s'embar-
rasser si la voiture qui l'avoisine est attelée de
jumens. Ne voit-on pas chez le Roï et dans
toutes les académies, ces chevaux les uns à
côté des autres, tranquilles dans les rangs ou
files des reprises de manége, quoiqu'ils soient
les trois quarts du temps montés par des enfans ou des jeunes gens, qui n'ont nulle habitude des chevaux. Quelle objection restera-t-il
donc à faire ? Les troupes voyagent et rencon-
trent des jumens. Je réponds : en vous servant
de chevaux entiers, vous multiplierez bientôt
l'espèce, et la consommation deviendroit moindre, parce qu'ils résisteroient davantage à la
fatigue. Les jumens seroient presque toutes
reléguées chez le cultivateur ou dans les haras.
D'ailleurs, les Espagnols ne voyagent-ils pas ?
les rouliers né passent-ils pas leur vie sur les
grands chemins et dans les auberges, et ne
rencontrent-ils jamais de jumens ?

Tel est l'empire de l'habitude, que les réformes ou les projets les plus simples et les plus
utiles sont dédaignés ou tournés en ridicule.

Avant le maréchal de Saxe, on croyoit impossible de faire marcher l'infanterie ensemble et alignée ; on faisoit battre des marches qui ne servoient qu'à faire du bruit et à s'étourdir. Il fut le premier qui dit qu'il falloit la faire marcher en cadence ; cela étoit si neuf, qu'il prévint qu'il paroîtroit extravagant en faisant une pareille proposition. Il en est de même, je paroîtrai peut-être extravagant, mais j'opinerai pour que la cavalerie soit montée sur des chevaux entiers, qu'elle soit exercée tous les jours, qu'elle entreprenne des marches qu'on appelle aujourd'hui forcées, et qu'on l'habitue à passer les plus mauvais pas, et même à sauter et franchir des obstacles qui l'arrêtent actuellement.

Mais revenons aux causes secondes de la foiblesse de notre cavalerie : le cheval, livré à l'écuyer, ne tombe que trop souvent entre des mains barbares, qui achèvent sa destruction : rien de si dangereux qu'un artiste ignorant. Il se trompe avec méthode, et s'égare avec entêtement ; telle est une grande partie des gens qui font le métier de dresser des chevaux ; incapables, pour la plupart, de donner des définitions justes des opérations les plus simples de l'art qu'ils veulent professer. Qu'on ouvre nos traités d'équitation, et l'on verra partout la nature forcée et contredite; que de milliers de chevaux estropiés et usés, avant d'en trouver un capable d'exécuter les singeries que nous ont fait dessiner MM. de Neucastle et de la Guérinière, etc., sous les noms baroques de *passades*, *terre-à-terre*, *pesades*, *mezair*, *balotade*, *pas et le saut*, *falcades*, *répolon* (1), etc., etc., etc. C'est de ce jargon minutieux dont je prétends surtout me préserver dans mon école; les chevaux ne connoîtront point d'allures artificielles, et j'appliquerai toutes les ressources de l'art à perfectionner celles que la nature leur a données.

Afin que rien ne nous échappe, et pour suivre la même marche dans cette seconde partie que dans la première, nous supposerons un cheval à dresser, et qui sera censé être entre les mains d'un homme de cheval, duquel nous décrirons la façon de se conduire, pour parvenir sûrement à son but.

L'Art de dresser les chevaux.

Nous avons dit qu'on appelle *cheval dressé*,

---

(1) Voyez chacun de ces mots dans l'Encyclopédie, ainsi que celui d'*Air*, par M. Eidous.

ou *mis*, celui qui connoît les intentions du cavalier au moindre mouvement, et y répond aussitôt avec justesse, légèreté et force.

L'action mécanique des bras et des jambes de l'écuyer, sur un cheval, n'est pas suffisante pour le dresser et lui donner légèreté, sagesse et force. Il faut que plusieurs soins raisonnés concourent à ce but. Supposons un cheval entier, sain, fort et vigoureux, tel qu'il en sort encore des haras d'Espagne, ou des forêts des Pyrénées. Ce n'est que par degrés qu'il faut le faire passer au nouveau genre de vie auquel il est destiné : accoutumé jusqu'à l'âge de quatre ans et demi, cinq ans, à la liberté des prairies, c'est presque toujours avec désespoir qu'il se voit enchaîné dans une écurie ; l'inaction où il se trouve, le changement subit de ses alimens, doivent opérer une révolution dans sa nature, dans son humeur et dans ses forces : il faut donc éviter les inconvéniens qui doivent naturellement s'ensuivre. Il reçoit les premières leçons de sagesse et de douceur du palfrenier aux soins duquel il est confié : c'est à l'écurie où l'on doit le préparer aux leçons du manége ; il n'est pas indifférent qu'il soit confié aux soins d'un homme doux ou brutal. Tout ce qui peut entretenir la santé et la vigueur du

cheval, tel que le pansage, la nourriture réglée, etc., doit être pratiqué avec une exactitude scrupuleuse; il ne suffit pas que ceux
qui ont soin des chevaux les aiment, il faut
qu'ils soient forts, adroits, et accoutumés à
les manier sans les craindre; car on les rend
vicieux par timidité et par mal-adresse, aussi
souvent que par brutalité. Je m'arrête sur
toutes ces recommandations, quelque minutieuses qu'elles puissent paroître, parce que
l'expérience m'a appris combien elles étoient
essentielles, et que, remontant aux causes
des vices que l'on rencontre si communément
dans les chevaux, j'ai trouvé qu'ils provenoient
souvent de soins mal entendus, et mal donnés;
c'est une raison pour ne jamais donner un
cheval neuf à un recrue.

Autant il y a de principes différens pour
être placé à cheval, autant il y a de méthodes
différentes pour dresser les chevaux, mais il
en est une aussi, la meilleure de toutes, ce
sera celle, qui, par les principes les plus simples, s'écartera le moins de la nature. D'après
ces méthodes, multipliées presqu'autant que
les maîtres, il n'est pas étonnant de voir un
cheval bien mené par un écuyer, et fort mal
par un autre, qui quelquefois est plus savant.
Il est certain, par exemple, que si l'on accou-

tume un cheval à tourner à droite par la rêne
gauche , et à gauche par la rêne droite ,
comme le veut M. Bourgelat, et qu'un autre
écuyer exige de ce cheval de tourner à droite
par la rêne droite, et à gauche par la rêne
gauche , ce dernier trouvera nécessairement
l'animal rétif; et il soutiendra qu'il ne sait rien,
quoiqu'il soit fort instruit à obéir à un autre
signal (1).

Le cheval s'habitue au cavalier qui le monte;
il s'accoutume même à sa fausse posture,
voilà pourquoi on voit souvent un homme mal
à cheval, bien mener.

Un cheval bien mis doit être mené par tout
homme droit à cheval, et qui sait se servir de
ses mains et de ses jambes,

Nous allons montrer que la position que
nous avons donnée au cavalier, la plus commode pour lui, a encore l'avantage d'être la
plus favorable à l'animal, c'est-à-dire, celle
dans laquelle le fardeau de l'homme lui est le
moins incommode, et lui laisse par conséquent

____

(1) Les chevaux s'habituent à la leçon qu'on leur donne;
un homme de cheval fait partir son cheval avec ses jambes , l'arrête avec ses mains, et un postillon fait partir son
cheval avec ses mains.

le plus d'usage de ses forces et de liberté pour agir.

Mettons un cheval en liberté, et examinons ses mouvemens et ses allures, la nature une fois connue, nous servira de loi.

Du Mouvement et de la Marche du cheval.

Il est nécessaire de connoître les différens mouvemens d'un corps, dont tout notre art se borne à faire mouvoir les ressorts avec justesse ; examinons dans ses jeux les plus simples les lois les plus exactes de la mécanique.

On peut considérer le corps du cheval comme une machine soutenue par quatre colonnes, dont le centre de pesanteur tombe toujours dans leur milieu proportionnel. Dans l'état de repos, le poids du corps de l'animal doit être réparti également sur les quatre colonnes, et c'est aussi ce que j'appelle un cheval rassemblé. Dans l'état de mouvement, le poids de l'animal est soutenu par les colonnes qui se trouvent posées à terre. Il est donc essentiel que le centre de pesanteur du cavalier se trouve perpendiculaire sur celui du cheval ; parce qu'alors, ces deux poids n'en formant plus qu'un, il se répartit proportionnellement sur les jambes du cheval, et le gêne le moins possible.

On a toujours regardé les quatre colonnes de cette machine, ou les quatre jambes du cheval, comme le principe du mouvement; et comme dans la marche de l'homme, on a prétendu que les jambes commençoient à se porter en avant, et que le corps venoit ensuite se reposer dessus lorsqu'elles étoient à terre.

Heureusement la mécanique, science démonstrative, et consultée trop tard, nous a fait voir notre erreur; on est convaincu aujourd'hui qu'un petit poids ne peut en attirer un gros; mais qu'au contraire, il est naturel qu'un gros en attire un petit. En recherchant d'ailleurs le principe du mouvement des corps, on a vu qu'il étoit dans le centre de gravité.

Il est même étonnant, que, sans la mécanique, on ne se soit pas aperçu du mouvement naturel de la marche; il n'y a qu'à voir un homme marcher avec vitesse, ou courir (1), on s'apercevra bien que c'est son corps qui entame le chemin, et qu'il dépasse de beaucoup ses jambes, qui paroissent ne faire que suivre, et qui ne font effectivement que venir

____

(1) Cela existe dans les mouvemens lents, comme dans les vifs, mais plus imperceptiblement.

soutenir le corps pendant qu'il chemine. Pourquoi voit-on quelquefois un homme tomber en courant ? c'est parce que ses jambes n'ont pas assez de vivacité pour venir soutenir son corps, qui part toujours le premier.

Examinez bien le cheval en repos et d'aplomb, et excitez-le doucement à se porter en avant, ayez les yeux sur l'avant-main, vous le verrez d'abord se mouvoir ; puis, comme si il entraînoit les jambes, vous les verrez venir se poser sous le cheval, et ce sera le chemin plus ou moins considérable qu'il aura fait de son corps, qui déterminera la jambe à se porter plus ou moins en avant. Voilà le véritable principe du mouvement (1) ; et, quelqu'extraordinaire qu'il paroîtra d'abord, à ceux qui étoient accoutumés à croire que les jambes mettoient le corps en mouvement, et le faisoient primitivement marcher, pour peu qu'ils réfléchissent, et qu'ils fassent attention à ce que l'expérience leur démontre sans cesse, ils s'apercevront bientôt de leur erreur.

____

(1) C'est toujours par leur centre de gravité que les corps se meuvent, et lorsqu'on veut mouvoir un corps, c'est toujours sur le centre de gravité qu'il faut appliquer les forces.

Tout mouvement doit avoir un objet : si le cheval chemine, c'est pour se transporter d'un endroit dans un autre, et si le cavalier l'y excite, c'est pour arriver à son but : c'est le mouvement que le cheval fait pour se transporter d'un endroit dans un autre que l'on nomme *marche*.

D'après l'objet de la marche, on voit de quelle façon elle doit s'exécuter : nous savons que le plus court chemin d'un point à un autre est la ligne droite, et que le mouvement le plus naturel, à un corps qui a reçu une impulsion, c'est de se mouvoir uniformément, et dans la direction de la force qui l'y a mis.

Dans la marche, le corps de l'animal doit donc se mouvoir directement, c'est-à-dire, toujours en ligne droite ; c'est aussi celui dont les jambes s'écartent le moins de cette direction qui marche le mieux.

Ne considérons dans tous les mouvemens que le point pris pour centre de pesanteur ; le centre de pesanteur ou de gravité, mis en mouvement, ne peut se mouvoir qu'à une certaine portée, à la même hauteur et sans se baisser ; et lorsqu'il y est parvenu, c'est le terme du soutien que les jambes peuvent lui donner sans bouger ; pour lors, elles sont obligées de changer de place, et de venir reprendre sous lui la même position qu'elles avoient avant, afin de lui renouveler la facilité de recommencer son mouvement; c'est ainsi que se meut et continue de se mouvoir l'animal, dont tous les mouvemens sont tellement suivis les uns des autres, que l'œil le plus attentif ne les distingue qu'avec peine : ces mouvemens successifs, du centre de pesanteur et des jambes, doivent avoir une succession et un accord parfaits, sans lesquels le cheval ne seroit plus d'aplomb, et courroit risque de tomber.

Il est nécessaire surtout que les jambes ne ralentissent pas ; qu'elles aient toujours la même gradation de vitesse que le corps, ou le centre de gravité, et qu'elles travaillent toujours par le plus court chemin.

C'est au cavalier habile, à compasser les mouvemens de sa main qui doivent ralentir la masse et la quantité des aides qui doivent accélérer l'action des jambes ; car s'il n'a pas le sentiment de cette exacte compensation, que l'on appelle *l'accord des mains et des jambes*, il lui est impossible de mettre un cheval d'aplomb et de le rassembler (1).

---

(1) C'est-à-dire, de mettre le poids du corps du cheval sur le milieu proportionnel des jambes posant à terre.

D'après ce principe du mouvement, bien reconnu, continuons à considérer le cheval comme une masse, dont le centre de gravité doit toujours tomber dans le milieu proportionnel des jambes, qui posent à terre; et toutes nos opérations ne s'exécuteront que sur ce centre de gravité, que nous chercherons à mouvoir avec justesse et sûreté.

Le cheval a différentes manières de se mouvoir avec plus ou moins de célérité, ce qui le rend susceptible de différentes allures; il en a trois, dites allures naturelles, savoir : le pas, le trot et le galop. J'appelle ces allures naturelles, pour les distinguer d'avec d'autres que les chevaux n'ont jamais naturellement, mais qu'ils prennent quelquefois, par la manière dont on les mène, telles que (1) *l'amble, le haut pas, le traquenard*, etc. Dans ces allures factices, le cheval a moins d'aplomb, et n'est point en force; aussi s'use-t-il infiniment plutôt. Il est cependant des bidets en Bretagne et en Normandie, que l'on appelle chevaux d'allures, qui font beaucoup de chemin avec ces manières de marcher. Mais ces chevaux sont rares, et il faut qu'ils soient excellens, pour soutenir ce train, dont nous ne parlerons pas

____

(1) L'amble est aussi une allure naturelle à certains chevaux.

davantage, puisqu'il n'est connu que des che- vaux de paysans, qui ne changeront certaine- ment pas leur usage, et qui auroient même tort de le changer, puisque ces chevaux sont fort estimés parmi eux.

Du Pas.

Le pas est de toutes les allures du cheval la plus lente, et celle qu'il peut soutenir le plus long-temps de suite : dans cette allure, il n'a qu'une jambe en l'air à la fois, et leur mou- vement se succède diagonalement ; je m'expli- que, la masse du cheval, une fois en mouve- ment, ne pourroit plus se soutenir si elle n'é- toit secourue : une jambe de devant, la droite, par exemple (*planche* 6, *fig.* 1), se lève, et va se poser en avant, et perpendiculairement au-dessous de l'épaule droite ; en même temps que le pied droit de devant se pose à terre, le pied gauche de derrière se lève, et se trouve tout-à-fait levé, au moment que le droit de devant est tout-à-fait posé ; le pied gauche de derrière, une fois en l'air, va se poser en avant, plus ou moins, de façon qu'il puisse donner un juste support au centre de gravité du cheval ; en même temps que le pied gau- che de derrière se pose, le pied gauche de devant se lève, de façon que ce pied se trouve tout-à-fait en l'air, en même temps que l'autre est tout-à-fait posé ; il va de même se poser en avant et perpendiculairement au-dessous de l'épaule ; lorsqu'il pose à terre, le droit de derrière se lève, et va se porter comme le gauche de derrière, assez en avant pour aider à soutenir le centre de gravité ; puis, lorsqu'il le pose, le droit de devant se lève, et ainsi se reperpétuent sans cesse ces quatre mouvemens, qui sont très-suivis, et doivent être très-égaux entre eux, la masse devant toujours cheminer.

On voit par ce détail, que, dans le pas, la masse de l'animal, ou son centre de gravité, n'est jamais soutenu que par trois jambes, sur lesquelles il se meut continuellement ; que ses jambes se lèvent et changent entre elles, en proportion de la vitesse de la masse. On voit aussi que le mouvement des jambes se succède diagonalement ; c'est la seule manière dont le cheval puisse conserver sa solidité ; puisqu'une jambe doit être déchargée, avant que celle qui est en l'air soit tout-à-fait posée, les deux points d'appui qui restent, étant dans la diagonale, sont dans la position la plus forte et la plus favorable pour soutenir la masse.

Le pas a différens degrés de soutien et de vitesse : il est plus ou moins écouté et allongé ; nous aurons occasion d'en reparler dans nos

7

leçons, où cette allure sera regardée comme
la plus avantageuse, et celle dont un habile
maître doit se servir pour finir et perfectionner un cheval (1); je veux dire pour lui donner la finesse de la bouche et des jambes.

Du Trot.

L'allure du trot est beaucoup plus vive que
celle du pas; elle en tire son origine : si l'on
hâte le cheval au pas, on voit distinctement
ses muscles dorsaux et lombaires se raccourcir, les angles de l'arrière-main s'ouvrir avec
force, et la masse se porter en avant avec
beaucoup plus de célérité; les jambes du cheval s'enlèvent aussi avec beaucoup plus d'action, pour venir au secours de cette masse,
et la supporter. Aussi l'expérience nous fait-
elle voir, que nombre de chevaux paresseux

____

(1) Le fameux M. de Lubersac ne se servoit que du pas
pour dresser ses chevaux, il s'en emparoit sitôt qu'ils
étoient ce qu'on appelle *débourrés*; il les montoit pendant
dix-huit mois, ou deux ans, toujours au pas, et quand,
au bout de ce temps, il les mettoit sous ses plus forts
écoliers, ils étoient tout étonnés de trouver à ces chevaux
le passage le plus cadencé, et la galopade la plus écou-
tée et la plus juste.

bronchent au pas, et se soutiennent très-bien au trot.

Le mouvement successif des quatre jambes ne pourroit être assez prompt pour le soutien de la masse ; aussi le cheval a-t-il deux jambes en l'air et deux à terre, qui, étant placées diagonalement, suffisent pour soutenir la machine en équilibre, pendant que les deux autres cheminent et se relèvent mutuellement (1). Ces quatre jambes forment deux bipèdes latéraux, savoir : la jambe droite de

---

(1) Dans l'amble, les deux jambes du même côté forment un bipède ; pendant que l'un est en l'air, la machine est visiblement en danger de tomber ; car il faut, pour que le cheval puisse marcher, qu'à l'instant, par exemple, où le bipède latéral droit est en l'air, tout le poids de son corps fasse un mouvement à gauche pour se mettre en équilibre sur le bipède latéral gauche ; lorsque le bipède latéral gauche se lève, il faut que le poids du corps se jette sur le droit. (*Planche* 6 , *fig.* 2.) Le bercement, dans cette allure, est contraire au premier principe du mouvement, qui est, qu'un corps y étant mis doit se mouvoir en ligne directe, et uniformément à l'impulsion qu'il a reçue. Si quelques corps étrangers viennent à rencontrer les jambes, et à occasionner un bercement un peu plus considérable, le cheval tombe du côté du dehors, où il n'a rien qui le soutienne ; cette allure doit donc être rejetée, et regardée comme fausse et pernicieuse.

devant, et la jambe gauche de derrière, l'un ; et la jambe gauche de devant et la jambe droite de derrière, l'autre.

C'est sur ces deux bipèdes que se meut continuellement le centre de gravité, qui chemine toujours en ligne droite. *(Pl. 6, fig. 3.)*

Cette allure est très-vive, et embrasse beaucoup de terrain ; lorsqu'elle est allongée, tous les muscles y sont dans un grand jeu, c'est ce qui la fait regarder comme très-propre à assouplir et fortifier les jeunes chevaux. Par la position des bipèdes, le corps de l'animal y conserve aisément son aplomb ; c'est ce qui la rend aussi moins fatigante pour lui. Il me reste beaucoup de choses à dire sur cette allure, mais j'aurai occasion d'y revenir dans les leçons qui suivront, et alors je serai plus à même d'être entendu.

Du Galop.

Le cheval au pas n'a qu'une jambe en l'air ; au trot, il en a deux en l'air et deux à terre ; au galop, il est un instant où les quatre sont en l'air, c'est pourquoi cette allure peut être considérée comme une répétition de sauts en avant, qui s'opèrent, non-seulement par l'action des muscles dorsaux et lombaires, mais

encore par l'ouverture des angles de l'arrière-
main, ou le chassé des parties postérieures,
qui, à chaque temps de galop, se rapprochent
plus ou moins de la ligne verticale du centre
de gravité, et enlèvent plus ou moins la masse;
cette allure est très-fatigante pour le cheval,
et son usage trop fréquent ruine la machine
entière; les jarrets surtout en souffrent infiniment, si le cavalier n'a pas ce tact qui forme
l'accord des mains et des jambes; il est clair,
par exemple, que si dans l'instant où les angles des parties de derrière s'ouvrent pour
chasser la masse, le cavalier forme un temps
d'arrêt, il rejette le poids du corps de l'animal
sur des parties qui ne peuvent le supporter,
et qu'il force et ruine indubitablement les jarrets de son cheval: ceci bien reconnu, il est
aisé de voir combien le galop est pernicieux à
une troupe; puisque, dans l'escadron, le cavalier est obligé de régler le travail de sa main
sur les commandemens qui lui sont faits, ou
pour entretenir son alignement, et que ces
temps d'arrêt ne peuvent presque jamais s'accorder avec l'allure de son cheval.

Quand le cheval marche à droite, il doit galoper sur les jambes droites, et quand il marche à gauche, sur les jambes gauches; quand
on mène un cheval droit devant lui, en plaine

ou ailleurs, ce doit être alternativement et également sur les deux jambes.

Un cheval galope sur les pieds ou jambes droites, quand la jambe droite de devant, et la jambe droite de derrière dépassent les jambes gauches. (*Pl.* 6, *fig.* 4.)

Un cheval galope à gauche quand les jambes gauches dépassent les jambes droites. (*Pl.* 6, *fig.* 5.)

Un cheval galope faux, quand, marchant à droite, il galope sur les pieds gauches, ou que, marchant à gauche, il galope sur les pieds droits.

Un cheval est désuni (1) quand ce ne sont pas les deux jambes du même côté, qui dépassent les deux autres, c'est-à-dire, quand il galope sur le pied droit de devant et sur le gauche de derrière, ou sur le pied gauche de devant, et sur le pied droit de derrière (*Pl.* 6, *fig.* 6 *et* 7); dans ce cas, le cheval n'est pas d'aplomb, et court un risque évident de tomber.

Il est essentiel qu'un cavalier connoisse parfaitement toutes ces actions dans les différen-

___

(1) On suppose dans la planche le cheval galopant à main droite.

tes allures du cheval, et, après l'avoir vu, il faut monter à poil pour chercher à sentir sous sa partie mobile tout ce que l'œil nous a fait apercevoir; sans ce tact, jamais de finesse.

Des Qualités que doit avoir un homme de cheval.

Intelligence, patience et douceur, sont des qualités primitives, absolument nécessaires à un homme de cheval; elles doivent être secondées par le talent, mais il ne peut jamais les remplacer.

Pour instruire un cheval, travailler avec fruit son instinct et sa mémoire, il faut discerner son caractère, car les moyens varient suivant l'observation de ces différences; il est des chevaux colères et mutins, il en est de timides et craintifs; celui qui les traite également est un casse-cou, qui ne peut jamais obtenir de succès que du hasard: c'est sous de pareils gens qu'il est si commun de voir des chevaux rétifs. Le manque de patience fait souvent hâter une besogne qui doit être lente. Nombre de gens fatiguent et excèdent les chevaux dans les premières leçons, surtout ceux qui montrent de la gaîté; ils ont recours au galop, aux terres labourées; ils exténuent et ruinent un cheval, qui, lorsqu'il ne peut plus aller, passe aux yeux de l'ignorance, pour être *dompté*: c'est le terme.

PREMIÈRES LEÇONS

DONNÉES AU CHEVAL.

Du Caveçon et de la Longe.

L'homme voulant asservir le cheval à sa volonté, le maîtriser, et en obtenir les services dont il est susceptible, se servit de son intelligence, qui enfanta l'art de le subjuguer et le rendre obéissant.

Sans cet art, nos propres forces n'eussent jamais suffi pour nous rendre maîtres d'un animal libre et fougueux : malheur à ceux qui entreprendroient encore de le vaincre par une résistance égale à sa force ; toute contrainte doit donc être éloignée du cheval, surtout dans les commencemens, si l'on ne veut le rendre à jamais ennemi de l'école et de l'obéissance.

Qu'il me soit permis de supposer pour l'objet de mes leçons un de ces chevaux sains, vigoureux, ardens, entiers surtout, un anda-

loux, par exemple, ou un anglais amené au
manége dans cet instant où il quitte le nom
de poulain pour prendre celui de cheval ;
quand on veut donner un modèle, c'est toujours la belle nature qu'il faut choisir, et je
ne connois point de race plus fière, plus guerrière, et plus agréable que l'espagnole, et point
de race plus svelte et plus infatigable que l'anglaise ; le cheval, en un mot, quel qu'il soit,
destiné à porter un cavalier et à obéir à ses volontés, doit être amené à ces fins, par une
gradation de joug, qui ne lui permette pas
de s'y défendre : toutes les attentions préliminaires de l'écurie sont supposées, c'est-à-
dire, que l'animal ne doit point être vicieux à
l'homme, mais au contraire aisé à l'approche,
facile à seller, à brider, à conduire en main,
et se laissant monter et descendre à droite et
à gauche avec tranquillité ; il ne faut que de la
douceur pour obtenir ces choses, et je ne
m'appesantirai pas sur les moyens connus de
tout le monde pour y parvenir.

Le cheval doit être amené à l'école avec une
selle, ayant dans la bouche un filet ordinaire,
et de plus un grand bridon, dit vulgairement
bridon d'écurie ; il faut prendre garde que la
sougorge n'en soit point serrée, et que les
porte-mors soient d'une longueur suffisante

pour ne point faire froncer les lèvres : la selle
doit être placée de manière à ne point gêner
les épaules, les panneaux doivent porter également dans toute leur étendue ; il faut qu'elle
soit le plus près possible du cheval. Le siége
doit être horizontal, et point relevé du derrière, comme on le voit communément, ce
qui rejette l'homme sur l'enfourchure, charge
inégalement le cheval, et occasionne souvent
de grands désordres, en contrariant infiniment ses allures : la selle doit être placée de
manière, que le centre de gravité de l'homme
se trouve perpendiculaire sur le centre de
gravité du cheval(*Voyez Démonstration mé-*
canique), et elle doit être fixée dans cette position par les sangles, la croupière et le poi-
trail ; tous ces soins étant pris, le cavalier
montera et descendra plusieurs fois le cheval,
sans que personne le tienne, mais il n'est pas
temps encore de le faire marcher. Pour prévenir et remédier aux désordres auxquels il
pourroit s'abandonner, il faut préalablement
lui donner connaissance de la chambrière ;
ce sera en le faisant trotter pendant quelques
jours, un caveçon sur le nez, au bout d'une
longe. L'usage du caveçon, connu depuis long-
temps, est regardé avec raison comme fort
utile, parce qu'obligeant le cheval à se plier

sur les cercles, il met tous les muscles en action, et les assouplit promptement. Il faut qu'il
soit serré sur le nez du cheval, de manière à
ne pas vaciller ; le tout étant disposé pour le
faire marcher, un homme se placera au centre du cercle que l'on se propose de faire parcourir au cheval, et tiendra la longe ; un autre homme, prenant le cheval par le bridon,
le mènera sur la circonférence du cercle, se
tenant à son épaule de dedans, et, en le tenant toujours, le promènera au pas sur cette
circonférence, dont le rayon doit avoir au
moins 20 pieds ; après avoir fait deux ou trois
tours, plus ou moins selon le besoin, l'homme
qui le tient par le bridon, se retirera peu à
peu ; au cas que le cheval veuille s'arrêter,
l'écuyer, qui doit être un peu en arrière du
cheval, et près de l'homme qui est au centre,
montrera doucement la chambrière entre l'é-
paule et le ventre, en attaquant même légèrement s'il en étoit besoin, le cheval partira au
trot et même au galop ; l'écuyer doit avoir la
main gauche sur la longe, afin de pouvoir agir
sur le caveçon, et le secouer légèrement sur
le nez du cheval, en donnant les saccades du
haut en bas, jusqu'à ce qu'il soit remis au trot ;
s'il rue ou saute, c'est encore au caveçon à le
corriger avec plus ou moins de force, selon

que besoin sera : si le cheval en ruant ou en sautant, diminue son train, se remet au pas, ou s'arrête, la chambrière doit le porter en avant et l'attaquer ; savoir, s'il se cabre, à la croupe ; s'il fait des sauts, entre l'épaule et le ventre ; et s'il rue, à l'épaule.

Le caveçon et la chambrière ne doivent jamais opérer à la fois ; ces deux actions se contrarieroient et jetteroient le cheval dans de grands désordres ; le premier de ces instrumens sert dans le cas où le cheval, faisant des sottises, augmente trop son action ou s'emporte ; et le second, c'est-à-dire la chambrière, dans le cas où il diminue son train.

Dans les momens où le cheval trotte bien et uniment (1), il faut prendre garde que la chambrière ne fasse aucun effet, la tenant cependant dans une position où le cheval puisse en apercevoir les moindres mouvemens.

Si le cheval se jetoit sur le centre du cercle,

____

(1) C'est-à-dire, où, se pliant sur la circonférence, son corps est dans la direction de l'arc de cercle qu'il occupe ; celui qui tient la longe doit bien se garder de l'attirer trop en dedans, dans le dessein de rejeter les hanches hors de la circonférence, comme le conseille à faux M. Bourgelat dans son nouveau Newcastle.

celui qui tient la chambrière, la montreroit à
l'épaule du cheval ; quand elle commencera
à le contenir au bout du rayon du cercle, et
qu'elle le fera cheminer franchement, on prendra son temps pour l'arrêter en sifflant, le flattant de la voix (1), et secouant légèrement la
longe : souvent ces petites saccades au lieu
d'arrêter le cheval, l'animent ; il ne faut pas
s'opiniâtrer, ni vouloir les augmenter (2) ; dans
la crainte de charger les jarrets, et de le rendre colère, il faut, avec ces sortes de chevaux,
mettre beaucoup de temps à les arrêter, en ré-
trécissant peu à peu le cercle qu'ils parcourent ; il en est de même lorsque, au partir sur
ces cercles, ils s'abandonnent et s'emportent,
il faut se garder de les saccader, ils s'en vont
ordinairement plus fort ; il faut, au contraire,
élargir le cercle crainte d'accident, les laisser
faire, et n'avoir recours qu'à la voix et au sif-
flet pour les apaiser.

Il est essentiel, dans ces premières leçons,
d'employer la plus grande douceur, et préve-

____

(1) Avec un cheval neuf, on peut avoir recours à tous
ces moyens, qui seroient ridicules avec un cheval mis.

(2) Quoiqu'il soit essentiel de ne jamais céder au cheval,
il ne faut cependant pas risquer de le faire défendre.

nir tout ce qui pourroit effaroucher le cheval, ou lui donner de l'ardeur.

Que l'on se garde bien de se servir d'un pilier au lieu d'un homme, pour y attacher la longe, comme le conseille M. Eidoux, dans le dictionnaire de l'Encyclopédie, à l'article, *commencer un cheval* : ce moyen est dangereux, et ne peut être donné que par l'ignorance ; je conseille, au contraire, lorsqu'on est obligé de se servir d'un homme qui n'est pas instruit, de le diriger continuellement sur ce qu'il doit faire. Mais, dans les régimens, la classe des chevaux neufs doit toujours être conduite par ce qu'il y a de plus instruit ; c'est le moyen de hâter les progrès et d'abréger l'instruction.

Le cheval étant arrêté et en repos, il faut le laisser souffler un moment, le caresser et le mettre sur le cercle à l'autre main, en y observant les mêmes règles qu'à la précedente : cette leçon doit être très-courte, mais les reprises répétées deux et trois fois ; elle doit aussi être continuée plusieurs jours de suite ; beaucoup de chevaux apportent à l'école des dispositions de souplesse, qui permettent de ne se tenir que peu de jours à cette leçon ; il est même des chevaux ardens, auxquels elle seroit plus nuisible que salutaire ; il en est d'autres auxquels elle doit être continuée long-temps, tels que les chevaux paresseux, chargés d'épaules, ou les ayant froides, les chevaux bas du devant, ou qui se ployent difficilement; c'est, je puis dire, le meilleur, et peut-être le seul moyen de donner quelque souplesse et légèreté à ces masses désagréables; les chevaux de cette dernière espèce se présentent avec difficulté sur les cercles, leur roideur en est la cause, ils sont sujets à s'y défendre, il faut, par conséquent, si l'on ne veut pas les user, proportionner les leçons à leur force, et surtout n'exiger de vitesse qu'à mesure qu'ils acquièrent de la liberté; il faut laisser galoper ceux qui se présentent à cette allure; seulement, s'ils s'abandonnent trop sur leur devant, il faudroit faire travailler la longe sur le caveçon, par des saccades de bas en haut, et les changer souvent de main.

Moins le cheval a de disposition à travailler sur les cercles, plus il a de tendance à s'éloigner du centre; c'est aussi ce qu'on éprouve avec tous les chevaux roides, qui tirent continuellement sur la longe, et avec tant de force qu'ils entraînent souvent celui qui la tient; car, plus ils trouvent de résistance, plus ils tirent, et ils prennent un point d'appui continuel, si l'on n'y remédie.

Il faut, avec de pareils chevaux, une per-

sonne entendue, qui tienne la longe dans ses
deux mains, de façon à pouvoir résister et
rendre alternativement, en tirant de temps à
autre la tête et l'encolure du cheval à lui, et
en la relâchant aussitôt; c'est surtout dans
l'instant où le cheval tire le plus, qu'il faut
tout lui abandonner; par cette méthode, et en
le changeant souvent de main, il fera des progrès sensibles, s'assouplira et se soutiendra:
lorsqu'on arrête le cheval, il faut l'exercer au
reculer; pour cela, un homme se mettant en
face du cheval, saisira une rêne de chaque
main, et, portant ses deux bras également en
avant, opérera l'effet des rênes sur l'embouchure, jusqu'à ce que le cheval recule; s'il s'y
refusoit, la même personne saisiroit les deux
rênes de la main gauche seulement, et de la
droite donneroit de légères saccades de caveçon sur le nez de l'animal, mais il faut beaucoup de douceur et de patience dans ces commencemens, et ne reculer que peu de pas, et
très-doucement : pendant le temps que l'on
met un cheval à la leçon de la longe, il ne faut
pas le monter, surtout si son défaut est de
s'appuyer sur la main, car on détruiroit par
cette seconde leçon le fruit de la première :
j'ai vu des chevaux, qui, après quinze jours
de cet exercice, n'étoient pas reconnoissables.

Je l'ai employé avec succès, pour remettre d'excellens chevaux, devenus pesans sur les épaules et peu sûrs de jambes, pour avoir été mal montés.

On juge le terme qu'il faut mettre à ces leçons, lorsque les chevaux manient avec aisance sans forger ni s'appuyer sur la longe, et qu'en montrant la chambrière, ils s'échappent au galop, uniment et avec facilité; pendant les derniers jours de cette leçon, on fera très-bien de la terminer en les montant en liberté au pas décidé; j'en donnerai les moyens par la suite.

Les chevaux Espagnols, les Danois, ceux du Holstein, les Napolitains; en France, les chevaux Limousins, les Auvergnats, les Dauphinois, les Poitevins, ont en général moins besoin de cette leçon que les chevaux Anglais, les Barbes, les Normands; c'est à l'homme de cheval à les juger.

Jugeant le cheval souple et obéissant à la chambrière, on lui ôtera tout-à-fait le caveçon (1), et le cavalier montera dessus avec les précautions ordinaires.

____

(1) Cette méthode de mettre sur-le-champ un cheval neuf en liberté, paroîtra peut-être ridicule à bien des

DEUXIÈME LEÇON.

Cheval monté en liberté.

Il est essentiel de ne jamais mettre un cheval neuf qu'entre les mains d'un homme instruit; car on ne peut douter qu'il faille beaucoup d'art pour faire obéir cet animal, qui, étonné du fardeau qu'il porte, s'abandonne souvent à des défenses infinies, surtout si le corps de son cavalier, vacillant sans cesse, contrarie ses mouvemens : ce début sur un cheval neuf, est la pierre de touche de tous ces prétendus écuyers, dont la science est dans la force : en vain ils lutteront avec leur cheval, qui, toujours plus fort qu'eux, s'abandonnera à mille déréglemens avant de leur obéir ; delà les saccades, les jarrets perdus, et le cheval ruiné.

Le cavalier étant en selle, parfaitement

gens, surtout aux partisans des écoles, où l'on est dans l'usage de laisser les chevaux neufs dix-huit mois à la longe; mais l'expérience nous démontre que les chevaux montés sur les cercles sont très-fatigués et se ruinent bientôt : lorsqu'on est obligé d'y avoir recours, il faut toujours que ce soit sans être montés.

placé, comme nous l'avons dit dans la première partie, il ne doit avoir d'autre ambition
que de déterminer la masse de son cheval à
parcourir une ligne droite, ou suivre les murs
d'un manége (1) : pour cela, voulant, je suppose, marcher à droite, il doit baisser ses
deux mains, afin de rendre au cheval, et lui
permettre de se porter en avant; puis, en fermant les deux jambes également, lui faire
sentir les premières aides du premier degré,
appeler de la langue, en même temps, et, si
le cheval n'obéit pas, se servir de la gaule, en
lui donnant un léger coup sur l'épaule droite.

La masse une fois ébranlée, le cavalier doit
sentir sa rêne gauche, avec assez de force,
pour redresser peu à peu le cheval à gauche
le long du mur ; mais, si le cavalier n'opéroit
que du bras gauche, il pourroit arriver que
le cheval n'obéît qu'en amenant la tête, et
pliant l'encolure de ce même côté, et que,
contrarié par cette posture, il s'arrêtât ; mais,

____

(1) La première chose que l'on doit apprendre à un
cheval, c'est de se porter en avant aux aides des jambes,
parce que, sitôt que le cheval y obéit, le cavalier peut
prévenir les fautes et les défenses ; et l'on verra par la
suite, que c'est le seul remède qui puisse corriger les chevaux qui ont des vices.

8*

comme c'est la masse et non l'encolure qu'il faut déterminer à se porter à gauche, il est nécessaire que la rêne droite tienne la tête et l'encolure un peu à droite, pendant qu'un mouvement plus fort de la rêne gauche attirera l'épaule à gauche, et la jambe droite doit se fermer davantage, et augmenter ses aides, afin d'empêcher que le cheval s'arrête, et en même temps déterminer son centre de gravité à se porter à gauche; mais cette jambe, n'étant pas encore connue, doit être secondée par un léger coup de gaule, à la place même où elle se ferme.

Si le cheval n'est pas assez forcé par ces mouvemens du cavalier, et qu'il refuse d'obéir, en continuant de laisser tomber l'épaule à droite, pour lors la gaule doit réitérer ses secours, avec plus de force sur cette épaule, et en même temps la rêne gauche travailler avec plus de force pour redresser le cheval.

Une fois mis en mouvement, et déterminé le long du mur, le cavalier doit chercher à l'y mener au pas, et à l'apaiser en se relâchant lui-même (1), et en donnant au cheval toute la

____

(1) La force et la roideur du cavalier excite le cheval à l'ardeur, par la pression qu'il éprouve des cuisses ou des

liberté possible, c'est-à-dire, en ne se servant des mains qu'avec la force nécessaire pour le tenir redressé, et parallèle au mur autant que faire se pourra. Le cheval parallèle au mur, est le point de perfection du cheval parfaitement dressé, et il seroit absurde de vouloir l'exiger d'un cheval neuf à sa première leçon ; c'est presque toujours en demandant trop aux chevaux qu'on les fait défendre.

Quand le cheval diminue son pas, le cavalier doit fermer moelleusement ses jambes, en appelant de la langue; cette dernière aide servira à faire connoître la première ; mais il doit observer, que ses mains, en se baissant, précèdent toujours les aides, afin de ne pas s'opposer à leur effet; cette contrariété, dans les mains et dans les jambes, est souvent la source des désordres auxquels s'abandonnent les jeunes chevaux.

Le cavalier cheminant ainsi, et arrivant au bout de la façade du manége, doit redresser son cheval avec la rêne gauche, et sa jambe

jarrets, et les opérations des jambes roides produisent toujours des effets roides et des à-coups, au lieu que, lorsque les jambes sont moelleuses, le cheval y prend une confiance qui le fait y répondre moelleusement et sans surprise.

droite jusques dans le coin, sans chercher à l'y faire parfaitement entrer; y étant arrivé, il s'agit d'en sortir par un à-droite; le cavalier doit profiter habilement de la nécessité où est le cheval de tourner, pour lui faire connoître sa rêne droite, qui doit s'ouvrir à droite et le décider (1). La rêne gauche doit en même temps diminuer son effet, et ne plus faire qu'aider la droite, en retenant la tête et l'encolure, si elles étoient disposées à se trop porter à droite et laisser l'épaule à gauche; et, à mesure que le cheval finit son à-droite, la rêne droite doit diminuer son effet, et la rêne gauche augmenter le sien, pour contenir le cheval redressé, c'est-à-dire, parallèlement au mur; revenu sur la ligne droite, les deux mains doivent varier leurs opérations suivant le besoin; et l'action des jambes se faire comme sur un cheval dressé, en observant seulement de l'accompagner des aides de la langue,

---

(1) Sur un cheval parfaitement dressé, les opérations des mains et des jambes doivent être imperceptibles, parce que l'animal répond aux premières aides; mais sur un cheval neuf auquel il s'agit de les faire connoître, il faut que les mouvemens soient grands, larges, et qu'ils se fassent franchement.

ou de la gaule. L'objet est de tenir le cheval droit, et, pour ce, les jambes doivent, suivant ces cas, travailler séparément, ainsi que les rênes; mais toutes les fois qu'il s'agit de hâter ou ralentir la marche, c'est aux deux jambes et aux deux rênes à travailler ensemble; il faut rejeter le précepte de tous les auteurs, qui, ne parlant que de la jambe de dedans, prétendent que celle de dehors est remplacée par le mur; de pareils préceptes annoncent que leur auteur n'avoit nulle idée de la précision, de la justesse, et du mouvement des corps. La jambe de dehors est aussi nécessaire que celle de dedans; quelquefois même elle doit travailler davantage, puisqu'il est des chevaux qui laissent tomber leur masse en dehors : qu'on se persuade donc, une fois, que l'espace fermé de murs ne comporte point un art et une méthode différente de monter à cheval. Dehors, mèneroit-on son cheval d'une jambe ? non : servez-vous donc des deux quand vous êtes à couvert, comme quand vous êtes en plaine.

Nous venons de voir par les opérations des rênes, qu'elles ont chacune un effet différent et opposé, c'est-à-dire, la rêne droite en s'ouvrant détermine le cheval à droite et la rêne gauche le détermine à gauche; mais nous avons vu aussi qu'il est très-possible au cheval de se soustraire à cette obéissance, en amenant l'encolure du côté de l'action de la rêne : pour prévenir cet inconvénient, il faut avoir recours au travail des deux ensemble, avec la proportion suivante ; la rêne du côté où vous voulez tourner est celle qui doit faire le principal et premier effet ; mais la rêne de dehors doit lui aider et faire le second effet, c'est-à-dire, n'employer que la force suffisante pour empêcher l'encolure d'obéir à la rêne qui doit diriger la masse : de même, lorsque le cheval chemine le long d'une façade du manége, la rêne de dehors doit toujours faire le premier effet, et celle de dedans ne doit faire que le second ; c'est ainsi qu'on tiendra le cheval redressé. On nomme vulgairement cheval redressé celui dont les épaules sont sur la ligne qu'il doit parcourir : mais cette définition n'est point exacte ; car les épaules peuvent très-bien suivre le mur à gauche, et la masse, ou le centre de gravité, être tombé à droite ; auquel cas il est faux de dire que le cheval est redressé, puisqu'il est essentiellement de travers.

Le cheval laisse tomber sa masse à droite ou à gauche, en se pliant, et laissant ses deux extrémités d'un côté et la masse de l'autre, ce que le cavalier sent aisément par le dérangement dans l'allure du cheval, et le mal-aise qu'il ressent lui-même dans sa position ; on voit que les moyens de le remettre droit se bornent à amener les extrémités du côté opposé, et se servir de la jambe et de la gaule, du côté où les côtes se gonflent ; mais le vrai moyen de corriger le cheval, lorsqu'il est un peu plus avancé, c'est de le tourner en cercle du côté où la masse tombe, en le ployant beaucoup.

Quand le cheval aura fait quelques tours de manége au pas, en suivant exactement les murs, le cavalier cherchera à le faire changer de main, afin de lui en faire faire autant à gauche ; dans ces premiers changemens de main, il ne faut exiger aucune justesse, chercher simplement à parvenir à son but, qui est de promener le cheval à gauche.

Pour cela, on prendra le moment où il sera apaisé ; et, après avoir passé le coin 2 *(planche 5)*, arrivé au point G, le cavalier lui fera faire un demi-à-droite, par les mêmes moyens dont il s'est servi pour lui faire faire un à-droite entier (1), et le déterminera avec ses jambes sur la diagonale GG ; arrivé à son ex-

______

(1) Observant que les moyens doivent être moindres pour un demi-à-droite, que pour un à-droite entier.

trémité, le cavalier, par un demi-à-gauche, remettra son cheval sur la direction G3; en observant, dans ce demi-à-gauche, que la rêne gauche doit faire le premier effet, et la rêne droite le second.

Autre règle générale : c'est qu'en proportion que les mains travaillent pour tourner un cheval, les jambes doivent augmenter leurs aides; car, tout mouvement de main tend à ralentir la masse, et afin qu'elle percute toujours également, il faut regagner par les jambes ce que les mains font perdre de vitesse.

Dans tous ces à-droite et demi-à-droite, les deux jambes doivent travailler également, à moins que le cheval, en tournant, ne laissât tomber sa masse à droite ou à gauche, auquel cas, la jambe de ce même côté doit opérer beaucoup plus que l'autre, qui ne doit presque rien faire. Nous avons vu le cavalier promenant son cheval au pas à main droite, il doit employer les mêmes moyens inverses pour le promener à main gauche, et, au bout de deux ou trois tours, quand il aura reconnu l'espace qu'on veut lui faire parcourir, on le mettra au trot, qui est l'allure où les jeunes chevaux doivent être exercés, jusqu'à ce qu'ils soient ce qui s'appelle débourrés. Pour passer à l'allure du trot, le cavalier, revenu à main droite, je suppose, son cheval étant droit, baissera les deux mains, et fermant ses jambes, l'excitera à partir, l'aidant soit de la langue, soit de la gaule, s'il en a besoin; et, une fois dans cette allure, il l'entretiendra dans le même degré de vitesse, et lui fera parcourir le manége de la même façon qu'il l'a fait au pas.

Si je n'avois qu'à décrire les opérations d'un homme de cheval sur un cheval neuf, je garderois le silence sur toute espèce de défenses et sauts auxquels les jeunes chevaux sont sujets à se livrer, parce que l'homme véritablement instruit les prévient et les évite (1); mais mon but est de faire connoître à mon lecteur, les opérations que l'art emploie, non-seulement pour éviter et prévenir les fautes du cheval, mais encore pour y remédier, et le corriger de celles qu'il peut faire, lorsqu'un cavalier peu habile les a laissé convertir en habitude,

C'est aux premières leçons que le caractère et les qualités des chevaux se découvrent, et il

______

(1) Les fautes des chevaux sont presque toujours occasionnées par celles du cavalier, il n'y a que les ignorans qui s'en prennent à leurs chevaux, et les battent des sottises qu'ils leur ont fait faire.

est nécessaire de les bien discerner, pour leur donner une éducation avantageuse.

La nature, trop bizarre dans ses jeux, nous met dans l'impossibilité de décrire particulièrement chaque individu ; nuls ne se ressemblent parfaitement, ainsi nous serons obligés de nous contenter de trouver certains rapports, qui, les rapprochant, nous permettent de les comprendre généralement dans quelques classes. Nous les diviserons d'abord en deux : la première comprendra les chevaux bien conformés, forts et nerveux ; et la seconde, les chevaux mous et foibles, quoique quelquefois bien proportionnés. Les chevaux de la première classe sont presque toujours obéissans et aisés à instruire, la raison en est dans leur force, qui leur permet d'obéir avec aisance à tout ce que le cavalier leur demande. Il s'en rencontre cependant quelques-uns, qui, ayant été battus et effarouchés par ceux qui les ont élevés, sont colères et rétifs ; mais l'art les corrige aisément. Il n'en est pas de même des chevaux de la seconde classe, dont la foiblesse est la source de tous leurs vices ; il est vrai qu'ils sont aisés à prévenir, en ne leur demandant que ce qu'ils peuvent donner ; mais si malheureusement un pareil cheval est tombé dans des mains ignorantes, il faut bien du temps et de l'art pour le corriger des défauts qu'il aura contractés, et cet art ne peut être que le fruit d'une théorie raisonnée et d'une longue habitude.

Revenons à notre première classe, voyons l'espèce de vice auquel ces chevaux sont sujets, et les moyens de les corriger. Communément, les sauts sont les seuls déréglemens auxquels ils s'abandonnent; lorsqu'on veut les trop contraindre, les raccourcir, les faire passer ou tourner dans des endroits où quelque objet les aura effrayés; pour lors, ils emploient franchement leurs forces pour s'y soustraire, et ils sont sujets aux espèces de sauts que l'on nomme *sauts de mouton* et *cabriole* (1).

---

(1) Dans le saut de mouton, le cheval s'élance, et s'enlève des quatre jambes presqu'en même temps, sans détacher de ruade, et son dos s'arrondit comme dans le saut de carpe, ce qui rend la tenue très-difficile, surtout lorsque ces sauts sont répétés de suite : la cabriole est de tous les sauts du cheval le plus brillant, le plus enlevé, et celui qui annonce le plus sa force et sa vigueur; c'est l'espèce de saut auquel on dresse ordinairement les sauteurs dans les manéges ; le cheval enlève d'abord le devant, et s'élançant avec force, embrasse un terrain considérable; et, dans l'instant que ses quatre jambes sont à la même hauteur, et que le devant va retomber, il détache vigoureusement la ruade ; ce saut, quoique fort et brillant,

Il faut, lorsque le cheval se dispose à sau=
ter, si c'est droit devant lui et en avant, le
déployer franchement, en fermant les jambes,
dans l'instant où il veut rassembler ses forces;
c'est un moyen presque sûr d'empêcher le
saut ; parce qu'un cheval, pour sauter, est
obligé de diminuer la vitesse de sa masse, et
de rassembler ses jambes près de son centre
de gravité, afin de pouvoir prendre l'élan nécessaire pour l'opérer ; un écolier, pour peu
qu'il commence à sentir ses chevaux, s'aperçoit aisément de ce moment où le cheval mé-
dite sa sottise, et si, dans cet instant, il l'occupe, et le pousse vigoureusement en avant,
il est démontré qu'il la préviendra.

Mais il est rare que les chevaux sautent droit
devant eux ; presque toujours prévenus par
leur cavalier, qui les en empêche, ils s'échappent ordinairement, en jetant leur masse soit
à droite soit à gauche ; ces sauts de travers
sont un peu plus difficiles à prévenir, parce
que l'acte préparatoire du cheval est plus
prompt, et qu'il faut plus de tact pour sentir
cet instant : mais quand on le peut, la correc-

n'est point dangereux ; ordinairement, le cavalier n'en
est point déplacé.

tion est de les redresser par la rêne à laquelle
ils vouloient se soustraire, les porter en avant,
de la jambe opposée, en les châtiant même
par la gaule derrière la botte, ou fermant l'é-
peron, s'il commence à connoître les jambes;
par ces moyens, on les corrigera bientôt.

Passons à la seconde classe, malheureusement la plus nombreuse, et voyons les moyens
d'en tirer parti.

C'est presque toujours la mauvaise construction des chevaux qui est cause de leur
foiblesse (1); je renvoie aux livres d'anatomie,
qui traitent cette matière amplement; et je
me bornerai à donner quelques idées absolument nécessaires. Deux causes premières s'opposent à la bonté du cheval, savoir : 1° la
disproportion dans sa charpente, c'est-à-dire,
dans l'*ostéologie*; 2° la disproportion dans ses
muscles, c'est-à-dire, dans la *myologie*. Je
m'explique : le cheval qui a la ganache grosse,
le garrot bas, les épaules serrées, les reins trop
longs, les hanches hautes, ou qui est trop

---

(1) Il n'est point de règles sans exception : j'ai vu des
chevaux, dont les belles proportions attiroient les regards
des plus grands connoisseurs, être mous et incapables
d'aucuns services.

long ou trop court jointé, etc., péche dans sa charpente. Celui qui, étant parfaitement d'aplomb sur ses quatre membres bien proportionnés, mais dont les os ne sont pas garnis de muscles suffisamment gros, ou dont le tissu est trop lâche, etc., péche dans la myologie. Ces défauts sont autant d'obstacles qui s'opposent à la bonté de l'animal, et l'on ne peut exiger de ces chevaux le même genre de travail que du cheval parfaitement proportionné, et pourvu de muscles prononcés, et séparés par de fortes intersections tendineuses.

Nous avons laissé le cheval partant au trot à main droite, et cheminant le long d'une façade du manége, je suppose AB. Après avoir fait quelques temps de trot, quelquefois il s'arrête tout court, jetant les épaules dans le mur, et la croupe en dedans, sans vouloir avancer ni reculer ; plusieurs raisons peuvent occasionner cette défense ; la première, que le cheval soit effrayé par quelque objet ; la seconde, que le cavalier exige trop de vitesse et trop d'allongement dans son allure. Le cheval ne pouvant y fournir, soit parce qu'il est trop abandonné sur les épaules (1), soit parce

____

(1) Quelques personnes pourront faire une réflexion

qu'il a le devant bas, et les hanches trop hautes, il se révolte contre les aides et s'y défend
en s'arrêtant court; il est souvent entretenu
dans cette sottise par la faute que la surprise
fait faire au cavalier, qui est de mettre le corps
en avant, ou d'avoir de l'incertitude et de la
variation dans cette première partie mobile;
il faut donc que le cavalier ait grande attention
de fixer son corps dans cet arrêt subit; il y
parviendra par une force moelleuse dans la
charnière de ses reins; et, en relâchant parfaitement son bas, il doit se servir des moyens
indiqués pour faire partir de nouveau le che-

---

contraire à ce que j'avance, et croire qu'un cheval abandonné sur les épaules doit embrasser plus de terrain que
celui qui est d'aplomb; cela paroît d'abord raisonnable,
puisque, plus vous voudrez le rassembler, plus il dimi-
nuera sa vitesse; mais, qu'on fasse attention que le cheval étant sur les épaules, sa masse, ou son centre de
gravité, dépassant trop les jambes de devant, prend une
direction oblique à la terre, et non parallèle à l'horizon,
et que, par conséquent, les jambes de devant peinent
beaucoup pour relever sans cesse cette masse, qui les
charge trop, et les gêne dans leurs mouvemens; au lieu
que le cheval d'aplomb, c'est-à-dire, soutenu par les
jambes qui posent à terre, peut cheminer avec beaucoup
plus de vitesse, par la liberté dont jouissent les jambes
qui se meuvent.

val, en observant de ne l'allonger que proportionnellement à sa structure et à sa souplesse.
Si le cheval a été effrayé par quelque objet,
il faut, avec beaucoup de douceur, le mener
sur ce qui l'a épouvanté. Si le cheval retombe
plusieurs fois dans cette faute, qu'il s'arrête à
chaque tour, sans qu'on en puisse soupçonner
d'autre raison que la colère, il faut que le cavalier tâche de prévenir ces instans où le cheval se ralentit, et qu'il le châtie vigoureusement de la gaule, ou des éperons : sur de tels
chevaux, la main ne doit absolument faire aucun effet, puisqu'elle est faite pour arrêter la
masse : celui qui tient la chambrière doit aider les mouvemens du cavalier : cette défense
est une des plus grandes marques de foiblesse
dans les chevaux, elle est commune à ceux que
l'on travaille trop jeunes ; c'est pourquoi je
recommande encore beaucoup de douceur et
de très-courtes leçons.

Il est des chevaux, qui, après s'être ainsi
arrêtés court, se cabrent ; c'est-à-dire, enlèvent les jambes de devant, et rejettent tout le
poids de leur corps sur celles de derrière ;
cette sottise est dangereuse ; elle est souvent
occasionnée par la trop grande sensibilité de
la bouche ; inquiétés par les mains du cavalier,
qui, travaillant avec trop de force, rejette le

poids de l'avant-main sur l'arrière-main, les
chevaux colères, que l'on veut forcer à l'obéissance, et redresser à une rêne, sont sujets à
se cabrer pour chercher à s'y soustraire : il
faut s'appliquer à prévenir ces instans, ce qui
est très-possible, parce que le cheval ne peut
se cabrer en marchant : il faut absolument qu'il
s'arrête, et que ses jambes de derrière viennent prendre un point d'appui sous le centre
de gravité. Dans ces instans, on doit le porter
vigoureusement en avant, et le châtier d'un
coup de gaule derrière la botte : mais si le cheval a été si prompt que vous n'ayez pu le prévenir, ou si, malgré vos aides et votre châtiment, il a refusé d'aller en avant, il faut, dans
l'instant de la pointe, lui rendre tout absolument, et que la charnière de vos reins, bien
moelleuse, permette à votre corps de se mettre en avant, comme il est démontré (*planche*
2, *fig.* 2).

Le corps du cheval étant dans la direction
CD, et le corps de l'homme dans la perpendiculaire AB; lorsque le cheval enlève le devant, et qu'il change sa direction CD en CK;
si celle de l'homme AB suivoit le mouvement
du cheval, elle se trouveroit toujours perpendiculaire au cheval, et dans la direction FOH;
mais, comme nous avons démontré précédem.

ment, que le corps de l'homme ne devoit pas être perpendiculaire sur le cheval, mais bien à l'horizon, il faut donc, qu'à mesure que le cheval s'enlève, la charnière des reins de l'homme se plie, et permette au corps de rester dans la direction AB, afin que sa verticale se trouve toujours ne former qu'une seule et même ligne droite avec celle du cheval.

Le moelleux dans le pli des genoux est essentiel dans le moment, afin que les jambes soient près du cheval, sans le serrer; et que, par leur poids, elles servent à contenir les fesses dans la selle; les jambes, bien relâchées dans leurs articulations, prendront d'elles-mêmes cette position que leur donnera leur pesanteur.

Le moindre coup de main ou de jambe pourroit faire renverser le cheval; il faut donc une cessation entière de mouvement de la part de l'homme, et qu'il attende que, la pointe finie, le cheval soit prêt à reprendre terre; pour lors, ses deux éperons doivent se fermer, et le pincer vigoureusement; il ne sera plus possible au cheval de se renverser, parce que, pour recommencer une pointe, il faut qu'il prenne un nouveau point d'appui à terre, et les éperons faisant leur effet avant, il sera obligé d'y obéir.

Celui qui tient la chambrière doit en faire usage, et aider le cavalier, en châtiant le cheval à la croupe, surtout si l'on craint qu'il se défende aux éperons.

Les jeunes chevaux qui commencent à avoir de la force dans les reins, font des pointes par gaieté; il en est qui ne s'enlèvent qu'à une très-petite distance de terre; ceux-là ne sont nullement dangereux, mais il est toujours prudent de ne pas leur en laisser contracter l'habitude, parce que les jarrets seroient bientôt ruinés; les chevaux qui sont sujets à faire des pointes sont ordinairement légers.

Il est des chevaux sujets au défaut opposé à celui que je viens de décrire, c'est-à-dire, qui, au lieu d'enlever le devant, prennent un point d'appui sur cette partie, enlèvent leur croupe, et, détachant leurs jambes de derrière par une vive extension, opèrent ce que nous appelons la ruade.

Lorsque le cheval rue, le cavalier doit, sans déplacer sa partie immobile, relâcher le bas de ses reins, en mettant le corps en arrière, afin que la direction BA du cheval (*planche* 2, *fig.* 3) venant à se changer en BC, la sienne n'en suive pas le mouvement en HOK, mais reste en DON, pour se trouver toujours perpendiculaire à l'horizon, de manière que sa

ligne verticale et celle du cheval soient toujours confondues en une seule ligne droite. Le
cavalier doit aussi, en pliant ses genoux, porter son cheval en avant, en soutenant un peu
les mains s'il s'enterroit trop (1).

Il est des chevaux chatouilleux, que les
moindres mouvemens du cavalier font ruer;
il faut les monter souvent et peu (2). D'autres
ruent par foiblesse de reins; d'autres, parce
qu'ils ont les hanches hautes, et le garrot bas.
Il faut, réglé générale, sur les chevaux rueurs

---

(1) On dit qu'un cheval s'enterre, lorsque cherchant
un point d'appui sur la main du cavalier, il baisse la tête
et s'abandonne sur les épaules.

(2) L'éducation que nous donnons aux chevaux, con-
tribue beaucoup, comme je l'ai déjà dit, à leur former
le tempérament, et souvent à les rendre plus ou moins
vigoureux: si l'on montoit les jeunes chevaux plus souvent, ils seroient d'une bien plus grande ressource, surtout pour la guerre; leur corps s'accoutumeroit au travail
et en souffriroit moins : il est d'ailleurs contre nature, de
tenir un animal aussi fort, vingt-quatre heures enchaîné
dans la même position; ses muscles, dans l'inaction, ne
prennent aucune vigueur; je voudrois qu'on ne ménageât
les jeunes chevaux que sur la manière de les travailler
seulement, c'est-à-dire, qu'on proportionnât leur allure
à leur force, mais qu'on les fît travailler au moins deux
heures par jour, à l'âge de cinq à six ans.

faire travailler les jambes fort en avant, et chasser beaucoup les hanches, afin de les occuper et les charger; mais comme ces leçons sont fatigantes, et qu'il faut d'ailleurs avoir égard à la foiblesse de l'animal, elles doivent être très-courtes: nous observerons aussi que les chevaux ne ruent presque jamais droit, et que c'est communément en jetant les hanches soit à droite, soit à gauche : les opérations de main du cavalier doivent donc se faire dans l'intention d'opposer les épaules aux hanches: le cheval étant à droite sur la direction 1, 2, s'il rue en dedans, c'est en y apportant la croupe; il faut, pour la redresser, non-seulement que les jambes se ferment, mais encore que les rênes apportent les épaules à droite (1), parce que le cheval se trouve forcé par ce moyen de jeter les hanches à gauche; quand il y a répondu, la rêne gauche doit redresser la masse entière, de concert avec la jambe droite.

____

(1) Ce moyen d'opposer les épaules aux hanches, en se servant des rênes, est contraire aux principes que nous avons établis, et ne peut être regardé que comme une licence, permise seulement dans les cas où les jambes du cavalier ne seroient pas suffisantes, ou que le cheval s'y défendroit.

Voilà, en général, à quoi se bornent les sottises et défenses des chevaux sur la ligne
droite, savoir : à s'arrêter, se jeter de côté, se
cabrer et ruer. Par les moyens que nous venons
d'indiquer, et, surtout, en prévenant les arrêts subits, on corrigera en peu de temps le
cheval ; et, règle générale, moins on aura
recours aux mains, mieux on opèrera.

Ce n'est pas le tout, de faire parcourir le
manége à un cheval, en lui faisant toujours
suivre les murs ; il s'accoutumeroit à une routine (1), sans s'instruire, et le cavalier seroit
peut-être dans le cas de manœuvrer des mains,
et de faire connoître les rênes à son cheval ;
d'ailleurs, l'animal, en se mouvant toujours
dans la même direction, se roidiroit, et notre
objet est de l'assouplir ; pour cela, il faut que
le cavalier change souvent de main de droite
à gauche, et de gauche à droite (2), et doubler quelquefois du D au D, en observant de

______

(1) On voit dans les manéges des chevaux tellement
accoutumés à la régularité d'une reprise, qu'ils mènent
leurs cavaliers.

(2) Il faut, en trottant ainsi de jeunes chevaux, commencer ses changemens de main indifféremment aux deux
extrémités du manége, afin d'éviter qu'ils fassent rien par
habitude.

faire parcourir au cheval cette ligne DD, comme il parcourt la ligne 1, 2, c'est-à-dire, le tenir droit et les hanches bien vis-à-vis des épaules, le tout contenu également par les jambes et l'égalité dans les rênes. Parvenu à l'extrémité D, tourner de la même manière que dans les coins, de façon que les hanches passent bien par où les épaules ont passé, et sans se jeter en dehors, ni décrire un cercle plus grand.

Quand le cheval se décidera franchement sur les lignes droites, et obéira aux mains et aux jambes du cavalier, c'est une preuve qu'il aura déjà acquis une certaine souplesse; pour lors la leçon du cercle lui sera avantageuse, mais donnée avec modération.

TROISIÈME LEÇON.

Du Mouvement circulaire.

C'est avec raison que tous les hommes de cheval et tous les écuyers ont fait grand cas de la leçon du cercle; elle est très-propre à assouplir le cheval, lorsqu'elle est donnée par un habile maître; mais toutes les écoles

en ont abusé, en faisant commencer leurs écoliers et leurs chevaux neufs par les cercles :
cette méthode est un obstacle aux progrès des
premiers, et la ruine des seconds. Quand
j'aurai expliqué la justesse nécessaire de la
leçon du cercle, sa difficulté démontrera le
ridicule de s'en servir pour début.

Ne perdons point de vue que l'objet que
nous devons continuellement chercher à atteindre, et le seul de l'art de l'équitation, est
de mettre l'homme et le cheval d'aplomb, et
de les y maintenir le plus long-temps possible.
Le mouvement rectiligne est celui dans lequel
l'aplomb est le moins difficile à prendre, et le
plus aisé à conserver, tant pour l'homme que
pour le cheval, puisque ses quatre colonnes
se trouvent à leur place naturelle, vis-à-vis
les unes des autres, et n'ont qu'un mouvement simple à opérer; le cavalier n'a donc
d'autre attention à avoir que d'empêcher la
variation de l'avant-main, ou de l'arrière-main,
et de contenir le centre de gravité dans la
juste balance de ses jambes; si le cheval en
sort un instant, le cavalier en est averti
promptement par l'irrégularité des mouvemens, et il n'en est point qui n'aient assez de
tact pour s'en apercevoir; il n'en est pas de
même du mouvement circulaire, dans lequel

le cheval, pour être d'aplomb, doit être plié, et son corps prendre la direction d'un arc de cercle, c'est-à-dire, que tous les points de son côté de dedans, soient également éloignés du centre; or, dans cette posture circulaire, le cavalier ne peut se placer avec la même facilité; il faut nécessairement qu'il mette son corps dans la direction de celui du cheval, c'est-à-dire, que si le cheval marche à droite, il faut que la partie gauche du cavalier soit plus en avant que la droite, afin que ses deux hanches se trouvent dans la direction d'un rayon du cercle.

Cette posture, quoique plus difficile que la droite, se maintiendroit aisément, si le cheval ne remuoit pas; mais aussitôt qu'il chemine sur le cercle, les deux corps sont en proie aux forces centrales, en rapport de leur vitesse (1): le corps de l'homme par la force centrifuge tend sans cesse à s'écarter du centre, comme une pierre dans une fronde. Voilà pourquoi tous les écoliers roulent en dehors (2), et que,

____

(1) Voyez, en mécanique, forces centrales, divisées en forces centrifuges et forces centripètes.

(2) Malgré l'évidence de l'effet des forces centrifuges, qui tendent à jeter le cavalier en dehors, il est des maî-

pour résister à cette force qui les y jette, ils se roidissent s'ils n'ont pas déjà acquis un certain degré d'aplomb et de tenue, qui les mette à l'abri de craindre la chute : il est évident qu'une telle méthode nuit aux progrès d'un commençant, qui ne s'occupe que des moyens de se raccrocher.

S'il ne s'agissoit que de résister à la force centrifuge, et empêcher le corps de l'homme de s'éloigner du centre, on y parviendroit en le faisant asseoir ou pencher en dedans ; mais, pour lors le poids de l'homme ne chargeant plus que la partie de dedans, gêneroit le mouvement du cheval, et le feroit nécessairement sortir de son aplomb et courir risque de tomber.

Le seul moyen de conserver son aplomb, dans le mouvement circulaire, est d'avoir la

tres qui donnent pour principe de faire asseoir le cavalier, non au milieu de la selle, comme je l'ai indiqué, dans tous les cas possibles, mais qui veulent au contraire que l'assiette soit beaucoup plus en-dehors qu'en-dedans; heureusement que l'écolier, dans l'impossibilité de prendre cette position, ne fait nul cas du précepte, le laisse rabâcher à son maître, et conserve la position que la nature lui indique la plus solide : ce principe se trouve dans l'Instruction de l'équitation pour la Gendarmerie.

partie de dehors très - avancée, exactement dans la direction d'un rayon du cercle, et de suivre le mouvement du cheval, de façon que la hanche de dehors chemine continuellement et en même temps que lui : je m'explique.

Le cavalier voulant promener son cheval sur les cercles, étant, je suppose, à main droite au point D; il doit avec sa rêne droite détacher les épaules du mur, et décidant son cheval sur la direction DK, avoir ses deux jambes à portée de lui servir à contenir les hanches de son cheval sur la piste que les épaules ont suivie. La jambe de dedans doit servir d'arc-boutant, et empêcher la masse de tomber à droite, et la jambe gauche empêcher les hanches de s'échapper à gauche : les rênes doivent continuellement travailler pour entretenir le cheval sur la ligne circulaire; car, étant en proie aux deux forces dont nous avons déjà parlé, savoir, à la force centrifuge et à la force centripète, dont l'une tend à l'éloigner du centre, et l'autre à l'y attirer, le cheval obéit avec indécision et à-coup, alternativement à l'une et à l'autre ; il faut donc que les rênes servent à le déterminer sur la ligne circulaire, et que, conjointement avec elles, les jambes du cavalier l'y contiennent : cette obligation de sentir davantage la bouche de son cheval sur les cercles, est favorable pour apprendre aux chevaux à connoître leurs rênes. Nous ferons aussi à cet égard une observation, c'est que les rênes travaillant beaucoup en cercle, leur action tend toujours à diminuer la vitesse de la masse; et, pour l'entretenir dans un mouvement uniforme, l'action des jambes du cavalier doit s'augmenter; je l'ai déjà dit, sans cette compensation des forces aux obstacles, il n'y auroit point d'uniformité: autre raison pour laquelle les aides doivent s'augmenter sur les cercles, c'est que les chevaux étant dans une position gênante, ils sont plus sujets à se laisser aller, et à sortir de leur aplomb, et que le seul et unique moyen de les relever, et les empêcher de s'abandonner sur les épaules, est de se servir des aides des jambes.

Il est aisé de comprendre que le mouvement circulaire est plus fatigant pour le cheval que le mouvement rectiligne; cela est causé par la nécessité où sont les jambes de chevaucher continuellement les unes sur les autres : de cette gêne, plus ou moins grande dans chaque individu, résulte quelquefois des défenses qui n'ont d'autre source que le défaut de souplesse. Il est même peu de chevaux qui répondent parfaitement aux premières leçons circulaires, c'est pourquoi il faut les y amener peu à peu, et se contenter les premières fois de mêler la leçon rectiligine de quelques tours en cercle, et n'en jamais faire plus de deux ou trois de suite à chaque main.

Le cheval se refuse quelquefois au mouvement de la rêne qui veut le déterminer sur le cercle; plus on ouvre la droite, je suppose, plus la masse tombe à gauche et s'éloigne du centre : ce refus de la part du cheval est presquetoujours occasionné par la faute de l'homme, soit parce que sa partie gauche est trop en arrière, soit parce que sa jambe gauche est sans effet, ou que la droite en a trop, soit enfin parce que le cheval est trop lié. 1° Si le cavalier laisse sa partie gauche en arrière, et qu'il demande à son cheval de tourner à droite, il est physiquement impossible qu'il y réponde; au contraire, sa masse se portera de plus en plus à gauche, pour opposer ses forces à celles de l'homme; mais sitôt que le cavalier avancera sa partie gauche, les obstacles cesseront et le cheval obéira; 2° si le cavalier, au lieu de se servir de ses deux jambes, éloigne absolument la gauche, pour lors, la droite n'étant plus balancée fera trop d'effet, le cheval la fuira, et ne trouvant rien qui le soutienne à gauche, il y laissera tomber sa masse, et dès-lors, se pliant trop à droite, il y aura impossibilité physique de tourner : pour parer à cet inconvénient, il faut donc diminuer l'effet de la jambe droite, et faire opérer la gauche, vis-à-vis du centre de gravité, jusqu'à ce qu'elle l'ait jeté à droite.

Il faut observer que les chevaux ont ordinairement un côté, ou une main, à laquelle ils sont plus souples qu'à l'autre, soit naturellement, soit par le pouvoir de l'habitude, qui, comme dans l'homme, le fait droitier, ou gaucher ; je n'en chercherai point la raison, il suffit que le fait existe, et communément les chevaux se plient plus difficilement à droite qu'à gauche. Le cavalier doit donc s'attendre à avoir plus de difficultés à vaincre à une main qu'à l'autre ; mais il ne doit pas pour cela borner ses leçons à toujours travailler à la main la moins souple, car il retarderoit les progrès, en croyant les accélérer ; il faut alors, en marchant à gauche, assouplir la main droite, et toujours rapporter ses actions à son objet principal. Je suppose un cheval se plaçant avec aisance à main gauche, et difficilement à main droite ; lorsque le cavalier marchera à gauche, il ne doit presque point y placer son cheval, mais au contraire faire travailler sa jambe droite très-près du centre de gravité, afin de le jeter à gauche; et lorsqu'il marche à droite, ouvrir beaucoup la rêne droite, en ayant la jambe droite très en avant, pour empêcher la masse de tomber, et lui apprendre à se redresser par la rêne gauche, qui doit travailler conjointement avec la jambe opposée.

Les progrès de ces leçons deviendront sensibles, et, après les avoir pratiquées quelques jours, le cheval travaillera avec beaucoup plus de liberté, de souplesse et de grâce, sur les lignes droites.

C'est alors qu'il cherchera de lui-même à partir au galop, et qu'en le tenant droit, on peut lui en permettre quelques temps, sans chercher à le raccourcir par l'opération de main, mais seulement à l'apaiser en se relâchant, et en ayant des jambes très-moelleuses.

Si le cheval, en se présentant au galop, part faux (*voyez Galop*), il faut que le cavalier le remette sur-le-champ au trot, et le fasse recommencer, en observant de se servir de ses deux jambes et de la rêne de dehors, pour contenir les épaules parfaitement redressées, sans quoi il feroit toujours la même faute.

Il est un instant à prendre pour faire partir un cheval juste; ce n'est que le liant, et l'usage qui donnent ce tact; cet instant est (*à droite*) celui où la jambe gauche de devant et la jambe droite de derrière sont en l'air, et vont poser à terre : si le cavalier rend alors, et augmente ses aides, le cheval partira nécessairement sur le pied droit.

Il faut éviter tous les moyens auxquels l'ignorance a recours, et que l'on pratique dans certaines écoles pour faire partir les chevaux, tels que de les mettre de travers, et surtout à les enlever d'un temps d'arrêt, ce qui est contraire à toute espèce de raison : je permettrai tout au plus de profiter d'un coin, ou d'un tournant quelconque, et même on n'en doit faire usage que pour des chevaux très-difficiles au partir, et s'éloigner le moins possible des moyens simples et naturels.

Le cavalier, dans le partir au galop, doit faire la plus grande attention que son corps ne soit point surpris, et laissé en arrière, dans l'instant où le cheval s'échappe par un mouvement très-prompt, et par lequel les écoliers sont sujets à être dérangés.

Le mouvement du galop est très-différent de celui du trot, et étant une répétition de sauts, le devant et le derrière du cheval sont alternativement enlevés, selon leur plus ou moins de vigueur, leur plus ou moins de souplesse, ou leur plus ou moins de qualités ; il faut nécessairement que le corps de l'homme suive ces différens mouvemens, et que son corps change à chaque instant par rapport à son cheval, et jamais par rapport à l'horizon : ce corps ne peut rester d'aplomb et perpendiculaire à l'horizon, que par un grand moelleux dans la charnière des reins, qui forme la section de la première partie mobile, avec la partie immobile. L'articulation des genoux doit être très-relâchée, afin que les jambes ne soient pas enlevées, et portées en avant en même temps que le devant du cheval, ce qui arriveroit, si elles ne formoient qu'une seule pièce avec les genoux, au lieu que cette section étant très-moelleuse, la ligne verticale des jambes reste perpendiculaire à l'horizon, près du centre de gravité du cheval, et par conséquent à portée d'accompagner et soutenir sa masse.

Le cheval ayant fait un tour ou deux de ma-nége au galop, à une main; on l'en fera chan-ger, afin de lui en laisser faire (1) autant à l'autre.

---

(1) On peut voir par ce terme de *laisser faire*, que je veux qu'on entende en général, que les jeunes chevaux se présentent au galop avant de les exercer à cette allure, à moins qu'étant assuré de leurs forces, on ne leur re-connoisse un caractère paresseux.

10*

Le changement de main se fera comme au trot, en observant d'y sentir un peu plus la rêne de dehors que celle de dedans, afin d'éviter que le cheval, qui ne se trouve plus contenu par le mur, ne change de pied.

Le cheval, jusqu'à l'extrémité de la ligne GG, se trouve toujours marcher à droite, et doit par conséquent arriver au point G sur le pied droit; mais, ayant actuellement à parcourir la ligne GC, il est clair qu'il va marcher à gauche, et galoperoit faux s'il ne changeoit de pied, dans l'instant de son passage de droite à gauche: quel est cet instant de passage? C'est le demi-à-gauche qu'opère le cheval pour passer de la ligne GG sur la ligne GC; ce demi-à-gauche est donc le moment qu'il faut prendre pour lui faire changer de pied. Il faut que, dans l'instant qui précède la dernière foulée du pied droit de devant, le cavalier marque un temps d'arrêt, en sentant un peu plus la rêne droite que la gauche; par ce moyen, il contiendra la partie droite du cheval, il fermera en même temps ses jambes, et la droite plus que la gauche, parce qu'il s'agit de jeter la masse sur le pied gauche; le cheval s'y trouvera forcé, et reprendra immanquablement (1).

____

(1) Le cheval, par sa construction, est obligé de partir

S'il arrive qu'au lieu de reprendre net, le cheval s'arrête au trot, c'est une preuve que les mains du cavalier auront fait trop d'effet, et les aides pas assez. Il faudra donc fermer la jambe droite jusqu'à l'éperon, et l'appuyer même vigoureusement, si le cheval balançoit : ayant été châtié ainsi une fois ou deux, il reprendra après au moindre avertissement du cavalier.

Il est des chevaux, qui, en arrivant au bout du changement de main, fuient tellement la jambe droite du cavalier, qu'ils se jettent à gauche, et s'éloignent du mur, sans changer de pied : il faut, sur de tels chevaux, que les deux mains se portent au mur, afin d'y diriger les épaules, et que la jambe gauche serve de soutien à la masse, sans néanmoins détruire l'effet de la jambe droite.

D'autres chevaux, se souvenant d'avoir été châtiés au point G, cherchent à éviter la punition, se hâtent de reprendre avant d'y arriver, et forcent la main de leur cavalier ; il faut les corriger par le contraire, c'est-à-dire, les

---

sur le pied droit, si la masse est brusquement jetée à droite, et de partir sur le pied gauche, si la masse est brusquement jetée à gauche.

apaiser, et les laisser plutôt arrêter au trot, que de souffrir qu'ils s'emportent.

Quoique ces différentes opérations soient assez simples et aisées à concevoir, il est nécessaire qu'un maître les démontre par la pratique à son écolier; et il est indispensable, avant que celui-ci puisse les mettre en usage, qu'il ait acquis un certain tact, qui lui enseigne le moment des foulées qu'il doit saisir pour opérer avec justesse.

Des Qualités des chevaux.

La succession des leçons que je viens de tracer, est la seule méthode qui soit conforme à l'art, et dont on puisse attendre de véritables succès. C'est celle que l'on doit généralement suivre pour toute sorte de chevaux de monture, à quelqu'usage qu'ils soient destinés, et, de ces premières leçons, dépendent la sagesse et quelquefois la force de l'animal pour sa vie; mais parvenu au point où je viens de le laisser, dans la dernière leçon, le cheval n'est encore que ce que nous appelons vulgairement *débourré*. C'est en ce moment que l'écuyer peut porter un jugement certain sur ses dispositions, ses forces et ses qualités, et qu'il peut décider le genre de service auquel il est

propre, pour lui continuer une éducation relative.

Le cheval de manége, ou cheval de parade,
le cheval de guerre, le cheval de chasse, le
cheval de course, doivent tous être sains, souples et forts, mais différens, par les qualités
particulières au service qu'on en exige : je ne
m'étendrai point sur la totalité des connoissances qui doivent servir à différencier ces
chevaux, il faudroit faire un traité des races
et des haras. Je n'ai à parler que de l'équitation; ce ne sera donc que sous ce point de vue
que je les envisagerai.

Le cheval destiné au manége ou à la parade
doit avoir les airs relevés ; c'est-à-dire, une
action, dans les mouvemens de ses jambes,
qui rende ses allures trides, cadencées et bril-
lantes; il doit avoir du feu : sans ces qualités,
il est commun et sans distinction.

Le cheval de guerre, ou d'escadron, doit
être plus froid, avoir les allures moins relevées, mais franches et étendues ; et être d'une
taille et d'une force, qui lui permettent de résister aux longues fatigues; trop de légèreté et
de finesse sont des défauts pour lui.

Le cheval de chasse doit reunir la légèreté
à la vigueur; sa taille est de huit à dix pouces, il faut qu'il ait le rein court, des dispo-

sitions à sauter, et de l'haleine, pour fournir
de longues courses; l'ardeur est un grand défaut dans ces chevaux.

Le cheval de course enfin doit différer de
tous ceux dont nous venons de parler, par
une construction svelte, élancée, et particulière, que nous définissons vulgairement en
disant qu'un cheval a de la race. Les allures
de ces chevaux ne sont nullement relevées,
mais au contraire fort rasantes; ils sont et doivent être peu chargés de chairs, d'une encolure mince; ils n'ont d'apparence qu'aux yeux
des vrais connoisseurs : mais quelles règles,
quels principes donner sur la connoissance de
la bonté et des différentes qualités des chevaux ? La théorie seroit bien fautive, si elle
n'étoit secondée d'une pratique d'équitation,
qui donne, par le sentiment, le tact le plus
sûr; puisque les yeux ne peuvent juger que
l'extérieur, tandis que l'assiette de l'homme
de cheval juge de la force et de l'élasticité des
ressorts : que l'on fasse bien attention à ceci,
l'expérience le prouve tous les jours, nous
avons beaucoup de gens sans doute qui connoissent véritablement les proportions du beau
cheval, et les tares auquel il est sujet, encore
plus qui y prétendent, mais très-peu qui jugent
sainement de la bonté d'un cheval : qui est-

ce qui n'a pas vu d'excellens chevaux avec des
jarrets gras et étroits, et des rosses avec des
jarrets larges et secs ? Ici la théorie est en défaut, et, malheureusement, ce n'est pas dans
cette seule occasion, où ces anatomistes de jarrets se trompent : j'engage mes lecteurs à conclure avec moi, que la théorie et la pratique
de l'équitation sont deux connoissances également indispensables pour procéder à un
bon choix, et surtout, pour porter un jugement sain sur les qualités et la bonté d'un
cheval; c'est ce dont ils se convaincront tous
les jours davantage, en s'initiant dans notre
art.

Le cheval de manége devant avoir l'éducation la plus perfectionnée, est celui dont je
vais continuer à parler dans les leçons suivantes, indiquant dans ma route les différences
principales que l'on doit observer pour les
chevaux de guerre et de chasse.

Des Piliers.

Je ne conseille ni à la cavalerie, ni aux chasseurs, ni aux amateurs de chevaux de course,
de faire usage de piliers dans l'éducation de
leurs chevaux; ils n'en retireroient que peu
d'avantages, et perdroient un temps qu'ils em-

ploieroient beaucoup mieux à allonger leurs chevaux sur de grands cercles, et plus encore sur des lignes droites; mais cette leçon, donnée par un habile maître, à un jeune cheval destiné au manége, devient très-utile, en donnant une grande justesse, et un grand liant aux ressorts de l'animal, en lui faisant plier les articulations avec grâce et agilité, et lui apprenant à répartir proportionnellement le poids de son corps sur les jambes posant à terre, ce que j'appelle se rassembler.

Cette leçon est excellente pour les chevaux qui ont quelques dispositions à s'appuyer sur la main, et qui se servent peu de leurs hanches; ou qui ont l'habitude de laisser tomber leur masse à droite ou à gauche: elle doit être donnée au cheval quand il commence à être assoupli, et qu'il a déjà fait quelques-temps de galop; si on la lui donnoit avant, on lui demanderoit l'impossible.

Il faut que le cheval soit attaché dans les piliers, de manière que, donnant dans les deux cordes, qui doivent être égales, il dépasse les piliers en avant de toute l'encolure, en sorte que le garrot de l'animal et les deux piliers soient à peu près sur la même ligne.

Après avoir mis le cheval dans le caveçon (qui ne doit le serrer de nulle part), on le

caressera, et, le prenant par le bridon, on
l'attirera en avant, pour le faire donner dans
les deux cordes, et voir si elles sont parfaitement égales; le tout ainsi préparé, celui qui
tient la chambrière la montrera, en se tenant
un peu sur la droite, et en arrière de l'animal;
et, en l'élevant moelleusement, il appellera
un petit temps de la langue, afin d'exciter le
cheval à avancer et donner dans les cordes.
Si le cheval y répond bien, une personne, qui
se tiendra au pilier gauche, et par conséquent
à l'épaule du cheval, le flattera. Nombre de
chevaux reculent avec colère, ou épouvantés,
lorsqu'ayant donné dans les cordes, ils en
éprouvent la résistance, il ne faut point les
battre, mais beaucoup les flatter, et réitérer
la montre de la chambrière, beaucoup plus
moelleusement, afin que le cheval donne dans
les cordes sans à-coup : quand il ne reculera
plus, celui qui tient la chambrière passera de
l'autre côté du cheval, en lui faisant ranger,
et en le flattant de la voix sitôt qu'il aura obéi.
Il lui fera exécuter la même chose, alternativement, aux deux mains; observant toujours
de lui montrer la chambrière un peu en arrière, et vis-à-vis du centre de gravité. Ces
premières leçons doivent être répétées plusieurs fois, sans exiger autre chose du cheval,

que de le faire donner dans les deux cordes,
et le faire ranger aux deux mains. Lorsqu'il
pratiquera bien ces premières leçons, on
commencera à lui demander quelque temps
de piaffer. Pour cela, le cheval étant dans les
cordes, à main droite, je suppose, c'est-à-dire,
étant rangé à gauche, et légèrement plié à
droite, celui qui tient la chambrière étant
placé un pas en arrière, et sur la droite de la
jambe droite du derrière du cheval, réitérera
ses mouvemens de chambrière de bas en haut,
son bras droit étendu, de sorte que, dans ce
mouvement, la courroie touche le cheval
entre l'épaule et le ventre, avec plus ou moins
de force, selon la lenteur et la sensibilité de
l'animal ; sitôt qu'il a obéi, la chambrière doit
cesser, et on doit le flatter, pour lui faire connoître qu'il a bien fait. Si les mouvemens de
chambrière sont moelleux, lents, bien égaux
et bien doux, ils ne seront qu'une aide, ou
un avertissement pour le cheval ; il ne s'y défendra pas, et ses mouvemens de piaffer ne
seront point forcés, mais naturels, c'est-à-dire,
que ce sera de simples flexions dans les articulations des quatre colonnes ; pour lors, la leçon
sera instructive et non dangereuse ; mais si les
mouvemens de la chambrière sont trop secs,
trop rapides, sans suite, ils deviendront châ-

timent; le cheval s'y défendra, ruera, fera des pointes (toujours aux dépens des jarrets); les temps de piaffer ne s'opèreront que sur l'arrière-main, et les épaules se roidiront.

Cette leçon est toujours ou très-bonne ou très-mauvaise; elle ne sauroit être donnée avec trop de circonspection; elle doit toujours être très-courte, et donnée au cheval lorsqu'il sort de l'écurie, avant de le monter, parce qu'un cheval qui seroit fatigué y répondroit mal. On la continue jusqu'à ce qu'on en ait retiré le fruit qu'on en attendoit.

La théorie ne suffit pas pour mettre quelqu'un en état de donner cette leçon avec avantage; il faut de la pratique, et avoir long-temps manié la chambrière, pour pouvoir prétendre s'en servir sans inconvénient. Les principes que je viens de décrire ne sont que des principes généraux, très-insuffisans pour la parfaite exécution : il faut absolument renvoyer à la pratique sous un habile maître.

De l'Embouchure et de ses Effets.

On appelle embouchure, toute machine passant dans la bouche du cheval, à l'effet de le mener et l'avertir des volontés du cavalier.

Si je ne considérois l'embouchure des chevaux que relativement à l'équitation, à peine

ce chapitre trouveroit-il place ici, puisque la
plus légère attention suffit pour donner au
cheval un mors qui lui convienne. C'est ainsi,
du moins, que l'homme de cheval envisage
cette partie : il ne regarde la bride que comme
un moyen secondaire ; il rapproche les différences que l'on a multipliées à l'infini, sur les
formes et proportions des mors. C'est l'ignorance des écuyers qui a fait de l'éperonnerie
un art de charlatanisme : tout le monde veut
monter, maîtriser et dresser des chevaux, et
peu de gens ont fait un suffisant apprentissage
de ce métier difficile. Non-seulement on n'est
pas de bonne foi sur ses talens, mais encore
on se trompe soi-même. On s'adresse à un
éperonnier pour trouver les moyens de mener
un cheval, qu'une mauvaise assiette et une
mauvaise main ont mis de travers, et ont fait
défendre ; on encourage l'artiste mercenaire,
on lui persuade aisément que son art est un
art essentiel et profond : il faut bien que celui-
ci à son tour prenne un air scientifique ; il
passe les doigts dans la bouche du cheval,
palpe les lèvres, les barres, la langue ; le voilà
magicien, il parle beaucoup, vous dit des mots
que vous n'entendez pas, et qu'il ne comprend
certainement pas lui - même ; n'importe, il
ajuste un mors ; il vous répond de son effet,

et vous vous retirez content. Le cheval, inti-
midé et étonné de la nouvelle machine qu'on
lui a mise dans la bouche, paroît en effet plus
obéissant; mais cette victoire n'est pas longue;
comme le cavalier n'a rien acquis, les fautes
du cheval reviennent bientôt par les mêmes
causes que ci-devant. On a recours à un autre
éperonnier, qui vous trompe encore, et vit à
vos dépens; et comment cela n'arriveroit-il
pas, lorsque tous nos livres, tous nos traités
de cavalerie font des raisonnemens à perte de
vue sur la configuration et les proportions
des différentes parties de la bouche et du mors?
A Dieu ne plaise, que, séduit par ce rabâ-
chage, je copie les auteurs contemporains
comme ils ont copié leurs devanciers. Si l'on
a bien lu mon livre jusqu'ici, on ne me saura
certainement pas mauvais gré de passer légèrement sur un article, qui, j'espère, paroîtra
de fort peu d'importance à ceux qui m'auront
bien compris dans ma manière de mener les
chevaux.

Mais si ce n'est pas relativement à l'équitation, à l'écuyer, ni au manége que j'ai à parler
des embouchures; je dois ici donner mes soins
pour préserver la cavalerie de l'usage dangereux qu'elle en fait quelquefois, ainsi que les
chasseurs et les amateurs de chevaux. J'ai

recommandé à l'article de l'équipement de la cavalerie, de ne se servir que de simples canons à branches droites, je vais en donner la raison : ce n'est jamais par la force qu'il faut prétendre maîtriser les chevaux, ses effets sont insuffisans ; s'ils semblent réussir quelquefois, c'est toujours en produisant d'extrêmes désordres et d'extrêmes dangers. Il suffit que l'animal reçoive par la sensibilité de sa bouche l'avertissement du cavalier, et que cet avertissement devienne légèrement douloureux si le cheval ne l'écoutoit pas ; toute embouchure produisant cet effet est suffisamment forte. La nature n'a point différencié les bouches des chevaux autant qu'on a cru le remarquer, et qu'on a voulu le faire croire : tous les poulains quelconques sont obéissans au bridon ; c'est avec cet ajustement que l'homme de cheval les accoutume au joug, et avec un plus fort et qui causeroit une pression plus douloureuse, il désespéreroit l'animal. Si le bridon est obligé de travailler davantage sur l'un que sur l'autre, ce n'est pas qu'un tel cheval y soit moins sensible, qu'il sente moins l'effet de la main de son cavalier ; mais c'est que plus ardent, moins souple, plus foible dans son derrière, l'attitude gênée qu'on lui donne le contrarie trop, et il cherche à la fuir ; ce n'est donc pas la pression sur les lèvres, ni sur les barres qu'il faut augmenter; mais il faut apaiser le cheval, l'assouplir, et dans le dernier cas surtout, réduire presqu'à rien l'effet des mains. Ceci sera assez clair pour ceux qui ont vu beaucoup de chevaux; parce qu'ils ont rencontré souvent des hommes très-vigoureux, employant toute la force dont ils étoient capables, emportés par des chevaux qu'un homme plus habile qu'eux menoit avec la plus grande facilité, en ne se servant que d'un seul bridon. Dans ce métier-ci, la théorie ne suffit pas, je l'ai déjà dit, et il est nécessaire de le répéter, il faut pratiquer et beaucoup voir. J'engage donc mon lecteur à se transporter souvent sur ces terrains où l'on pousse les chevaux à des courses rapides, où des escadrons font des simulacres de charges, qui ressemblent si souvent à des simulacres de fuite, par le désordre qui y règne : c'est là où il verra les hommes les plus forts emportés par les plus petits chevaux, dont ils mettent pourtant la bouche en sang : assurément on ne peut pas douter que le mors ne fasse assez d'effet, et pourtant il ne suffit pas. Est-ce à l'éperonnier à remédier à cet inconvénient? non sans doute : tant que votre cavalerie ne sera pas plus instruite, des cabestans ne suffiroient pas pour rendre les cavaliers maîtres de leurs chevaux, et donner de l'ensemble aux escadrons. Que l'on s'occupe donc beaucoup moins de toutes ces inspections de bouche, et de toutes ces divisions entre bouches trop sensibles, bouches ardentes, bouches fortes, bouches qui évitent la sujétion du mors, barre sourde, barre tranchante, barre ronde, barbe grasse, barbe maigre, etc., etc., etc., que l'on se borne à donner à toutes ces bouches, à toutes ces barres, et à toutes ces barbes l'embouchure la plus douce, un simple canon entier (1), ajusté à la proportion de la bouche, c'est-à-dire, qui ne soit ni trop large ni trop étroit, et dont l'angle, formé par les deux canons, donne assez de liberté à la langue, que le canon porte sur les barres à un pouce au-dessus des crochets. Si les lèvres sont rentrantes et couvrent les barres, que les fonceaux soient plus droits, avec liberté de langue, afin de ne pas faire rentrer la lèvre. Ces deux points de contact du mors étant bien pris, la manière

____

(1) La brisure du mors ne sert point à l'adoucir, car elle doit être sans mouvement; si elle en avoit, on sent aisément que le fonceau se dérangeant de dessous la barre, son effet seroit sans justesse.

(163)

dont le cheval porte la tête et l'encolure,
doit décider de l'espèce des branches. C'est
en les allongeant ou en les raccourcissant,
que l'on peut augmenter ou diminuer la force
du mors et son effet. La branche suit absolument en cela la propriété des bras de leviers.
Je ne ferai point ici des démonstrations qui
demandent des notions de mécanique, que
tout le monde peut avoir, ou se procurer aisément; mais, quoique je reconnoisse les différens effets des branches relatifs à leur forme,
je me garderai de conclure, comme presque
tous les auteurs, que la figure et les proportions du corps du cheval et de ses jambes
doivent en déterminer le choix : autre charla-
tanerie préconisée par l'ignorance. La position
naturelle de la tête et de l'encolure du cheval
doivent être les seules règles à cet égard.
1.º On augmentera la force du mors et on ra-
mènera la tête du cheval en allongeant les
branches, celles-là conviennent donc davantage au cheval qui porte au vent.

2.º On relèvera la tête et l'encolure du cheval qui auroit de la disposition à s'encapuchon-
ner, en ayant des branches plus courtes, et
en faisant opérer la main dans une direction
moins perpendiculaire au bras de levier.

On voit que ce principe de construction de

mors a la même base que celui qui détermine
la direction du travail de la main du cavalier,
comme je l'ai déjà fait voir. Si le mors n'étoit
point fixé sur la barre , son effet seroit nul.
L'œil du banquet sert à l'empêcher de descendre , et la gourmette l'empêche de tourner et
faire la bascule. Les gourmettes à la française,
composées de gros chaînons bien proportionnés et bien polis, sont généralement celles du
meilleur usage, en ce qu'elles sont moins in-
cisives, et font un effet plus égal dans tous les
points de contact. La gourmette doit être serrée à une ligne de la sensibilité, c'est-à-dire,
qu'elle ne doit être absolument sans effet que
quand la main du cavalier n'en fait aucun :
tout l'art de l'éperonnier consiste donc à être
bon forgeron, et à placer les gourmettes avec
justesse pour empêcher la bascule.

Près du sommet de l'angle des canons, ou
sur la liberté de langue, je voudrois que l'on
plaçât quelques anneaux mobiles, qui font dans
la bouche du cheval l'effet d'un instrument
connu sous le nom de mastigadour. Les Hon-
grois se servent de cette méthode pour faire
goûter le mors à leurs chevaux, je l'ai essayée
sur les miens et je m'en suis très-bien trouvé.

Les premiers jours que l'on met une bride
au cheval , il est très à propos de lui laisser

dans la bouche un grand bridon au lieu d'un filet, afin de ne se servir de la bride que lorsque le cheval sera habitué à l'embarras qu'elle lui cause : le temps que l'on perd en employant cette précaution, est bien regagné par l'assurance où l'on est de ne point trouver de résistance de la part de l'animal, lorsqu'on abandonnera les rênes du bridon pour prendre celles de la bride ; et l'on commencera toujours par s'en servir sur les lignes droites. Pour donner au cheval la connoissance des rênes de la bride, on pourra les employer séparément, faisant attention dans les commencemens, de joindre l'avertissement de la rêne droite du bridon à l'effet de la rêne droite de la bride, car c'est un principe général, dans l'instruction des chevaux, de se servir toujours d'une aide, ou d'un moyen déjà connu, pour donner la connoissance de celui qui est ignoré.

J'observerai encore, que, lorsqu'on a pour objet d'arrêter ou diminuer le train de l'animal, il faut que l'effet de la main gauche se fasse également sentir sur les deux barres. Le cavalier qui aura une position juste, le bras gauche moelleux et la main sensible, formera une bouche sensible à son cheval, parce qu'il n'abusera pas de la pression continuelle du mors sur la barre, pression qui la rendroit sourde et calleuse.

L'expérience la plus suivie fait voir, que l'homme de cheval donne et entretient la finesse des aides dans l'animal le plus grossier, tandis que l'ignorant détruit la sensibilité du cheval le plus distingué. L'art nous rend donc maîtres de ces différences, et l'homme instruit, qui est chargé d'un travail, peut le conduire d'une manière relative aux services qu'on exige des chevaux.

Je ne parlerai ni des bridons à l'italienne, ni des mors à la turque, et de toutes les machines inventées pour soumettre les chevaux à l'obéissance, bien convaincu que ces ressources sont absolument inutiles, lorsqu'on a réuni la théorie et la pratique de notre art.

Des Pas de côté.

Un cheval ne seroit ni suffisamment assoupli ni suffisamment obéissant, s'il n'étoit susceptible que des mouvemens directs et circulaires. Pour pouvoir le redresser, changer la direction de sa marche, le gouverner avec facilité, et le mettre à même de suivre tous les mouvemens de l'escadron, il faut encore qu'il puisse faire des pas de côté, c'est-à-dire, faire chevaucher ses jambes l'une sur l'autre. En effet, soit dans l'alignement des rangs, soit dans l'observation des chefs de file, soit dans les conversions, les chevaux sont souvent obligés d'appuyer soit à droite soit à gauche; nos escadrons même opèrent ces mouvemens en masse, et l'ordonnance nous les indique par les commandemens de *main à droite* ou *main à gauche*: c'est donc mal à propos que des préjugés contre l'instruction du manége ont révoqué cette leçon de l'instruction de la cavalerie, je la juge nécessaire et indispensable, mais je vais l'exposer d'une manière plus simple, en rejetant les termes scientifiques de nos anciens auteurs, conservés par nos écuyers modernes. *Main à droite* ou *main à gauche* sera la seule expression de la marche oblique, quoique sa direction puisse être variée autant qu'il y a de degrés dans le quart de la circonférence, mais ces directions se trouvent déterminées par les points de vue ou d'alignement, que l'on indique toujours. Les chevaux doivent encore connoître des pas de côté circulaires, exprimés en termes de manége, par *voltes renversées* ou *hanches en dehors*. C'est l expression du mouvement des files de second rang dans les conversions. Je nommerai donc ces pas de côté, mouvemens de conversion;

commençons par les pas de côté en ligne droite.

On n'exercera les jeunes chevaux au pas de côté, que lorsqu'ils auront été primitivement assouplis sur les trois allures directes du pas, du trot et du galop, et lorsqu'ils seront obéissans aux aides des rênes et des jambes. Le maître jugeant un cheval à ce point d'instruction, choisira le moment où le cavalier arrivera dans l'un des coins du manége au point A, par exemple, pour lui commander *main à droite*. Le cavalier laissant entamer la nouvelle direction AB par les épaules de son cheval, formera un temps d'arrêt avec ses deux rênes, et fermera sa jambe gauche pour porter la masse à droite : sa jambe droite n'aura d'autre effet, que de se fermer légèrement pour empêcher le cheval de reculer. Il continuera à porter la main gauche à droite, faisant sentir la rêne droite au cheval, assez pour lui indiquer la détermination de sa marche sur cette nouvelle ligne, et il sentira un peu plus fortement la rêne gauche, pour contenir ses épaules, pendant que l'action suivie et continuelle de sa jambe gauche, entretiendra le mouvement de la masse à droite, et contiendra les hanches vis-à-vis des épaules. Le cheval, fuyant la jambe gauche, sera obligé de faire chevaucher les jambes gauches sur les droites. Ici le mur est d'un grand secours, en ce qu'il aide le cavalier à contraindre le cheval à l'obéissance; cette leçon s'exécute toujours avec d'autant plus de succès, que le cheval a primitivement acquis plus de souplesse. Il en est pourtant qui s'y défendent, soit en reculant, soit en se jetant sur la jambe gauche du cavalier au lieu de la fuir; alors, il faut augmenter les moyens d'y forcer le cheval; on lui mettra un caveçon, dont un homme à pied tiendra la longe, près du mur et à la gauche du cheval : l'instructeur se placera aussi à gauche et en arrière du cheval, auquel il montrera la chambrière, et dont il l'attaquera fortement, s'il refusoit l'obéissance à la jambe gauche du cavalier, et il lui en envelopperoit la croupe, s'il reculoit : l'effet du caveçon est d'arrêter les épaules par de légères saccades, si elles cheminoient trop vivement, ou si, malgré l'effet de la rêne gauche, elles tournoient à droite.

Les petites défenses des chevaux à cette leçon ne doivent point étonner; les précautions et les moyens que je viens d'indiquer, employés deux ou trois fois, suffisent pour assurer l'obéissance du cheval. Le cavalier doit faire la plus grande attention, que son assiette et son corps ne restent point à gauche, tandis que le cheval chemine à droite. Il faut dans cette leçon, comme dans toutes les occasions possibles, que ses fesses soient chargées bien également, et que la ligne de son corps conserve une position verticale à l'horizon. Arrivé au coin B, ceux qui tiennent la chambrière et la longe du caveçon doivent passer du côté droit, et le cavalier doit, pour revenir à gauche, employer les moyens contraires à ceux que nous venons d'indiquer, pour cheminer à droite.

Il faut attendre que le cheval soit bien obéissant à cette leçon, pour lui donner celle des pas de côté sur les cercles, c'est-à-dire, avant de lui faire faire le mouvement de second rang dans les conversions

A moins que le cheval ne soit très-assoupli, très-obéissant, et celui qui le monte très-instruit et très-familiarisé avec ce genre d'exercice, lorsqu'on voudra faire exécuter au cheval, *le mouvement de conversion*, on lui mettra un caveçon, dont un homme à pied tiendra la longe au centre du cercle que l'on voudra décrire : marchant à droite, je suppose, sur le cercle D, le cavalier fera un temps d'arrêt, pour arrêter les épaules, et ouvrira la rêne droite pour les amener sur la direction d'un rayon du cercle, il fermera sa jambe droite pour faire cheminer la masse à gauche, ranger les hanches, et donner au corps du cheval la direction du rayon. L'aide de la rêne gauche doit alors déterminer les épaules à parcourir le cercle D, la jambe droite continuer à se fermer, pour faire parcourir au centre de gravité le cercle B, et nécessairement les hanches du cheval chemineront sur le cercle A. On voit que les mains doivent arrêter et diriger les épaules à entamer le cercle D, et les jambes s'accorder avec leur effet, pour que le centre de gravité et les hanches du cheval parcourent en même temps les cercles B et A, la jambe gauche du cavalier est destinée à balancer l'effet de la jambe droite, si le cheval la fuyoit avec trop de précipitation, ou qu'il voulût reculer. Celui qui tient la chambrière, peut aider à ce mouvement, en se tenant à droite du cheval, pour chasser les hanches, si leur mouvement étoit trop lent. Il est assez ordinaire, que les chevaux se portent par élan sur le centre du cercle; c'est pourquoi, celui qui tient la longe du caveçon, doit s'opposer à ce désordre, en donnant de légères saccades de haut en bas sur le nez du cheval, cela sert aussi à arrêter les épaules, si elles avoient trop de tendance à s'abondonner à gauche.

Lorsqu'on aura fait deux tours à droite, on

changera le cheval de main, en lui faisant traverser le diamètre du cercle, et en employant les moyens inverses pour le plier à gauche, les leçons ne doivent jamais être pratiquées qu'au pas : données avec intelligence, elles achèvent d'assouplir un cheval, et lui donnent une attention et une obéissance parfaite, dont on s'aperçoit après dans la marche directe, où le cheval se place avec la plus grande facilité.

Sitôt que l'on a un certain nombre de chevaux, qui ont eu deux ou trois fois cette leçon, il faut les y exercer ensemble sans caveçon, et tous les jours finir ainsi leur travail d'école.

Des différentes Manières dont on exerce les Chevaux dans les manéges.

DES SAUTEURS.

En ramenant l'art de l'équitation, au seul objet de dresser les chevaux, pour nous rendre des services vraiment utiles, nous éloignerons de nos écoles tout ce qui est connu aujourd'hui, sous le nom *d'airs relevés* : nos leçons se borneront à parcourir différentes lignes, tantôt à droite, tantôt à gauche, sur les trois allures, et à faire quelques pas de côté;

nous simplifierons notre langage, en ne nous servant que d'expressions connues et familières dans la cavalerie, et notre travail aura dès son commencement une distribution simple et utile.

Nous rejetterons entièrement l'usage des sauteurs, dressés avec tant de risques et de peines, comme n'étant d'aucune utilité, puisqu'il n'est pas rare de voir, que des écoliers, quoique très-fermes sur cette espèce de chevaux, sont désarçonnés par un cheval dont les mouvemens sont irréguliers. L'homme de cheval n'acquiert de la tenue, que par l'habitude de monter des jeunes chevaux, qui s'abandonnent à toutes sortes d'écarts et de contre-temps. C'est au maître à proportionner les difficultés aux forces de ses écoliers, et à les conduire d'une manière proportionnelle à leurs progrès.

Des Maîtres et de la Pratique.

La lenteur des progrès, dans tous les arts, doit être plus souvent imputée à la médiocrité des maîtres, qu'au manque de disposition des écoliers : rien de si difficile que de bien montrer ; nul n'est trop savant pour cet emploi : voilà mon avis, d'après lequel on peut juger combien je blâme l'usage général, où est la cavalerie, d'abandonner le soin de l'instruction à des sous-officiers, qui n'ont ordinairement qu'une grossière routine, sont sans aptitude pour juger les défauts de leurs élèves, et sans talens pour s'énoncer d'une manière juste et précise, communiquer leurs pensées sur un art, dont on n'est jamais en état d'exposer les principes, si on ne les possède à fond.

La fureur des ignorans est de donner leçon; ils se servent des mots qu'ils ont retenus de leurs maîtres, et débitent au hasard ces ridicules litanies, que nous entendons psalmodier dans nos manéges (1).

Les officiers de cavalerie ne sont pas seulement faits pour se battre à la tête de leurs troupes, ils doivent encore les instruire; c'est eux seuls que cette charge regarde, parce qu'elle ne peut être bien remplie que par eux; leur éducation les rend propres à acquérir et à transmettre les connoissances de leur mé-

____

(1) Quelqu'un disoit au fameux Marcel : « Pourquoi n'avez-vous pas un prévôt pour commencer vos écoliers? » « C'est, répondit le danseur, que je ne suis pas trop savant pour montrer à faire la révérence. »

tier, il faut que la constitution et la discipline militaire les conduisent à ces fonctions, si on les rappelle aussi à leurs devoirs; si l'on élève des écoles où l'on travaille l'art de la cavalerie, les principes se développeront et s'affermiront; un nouveau jour, et de nouvelles connoissances, donneront bientôt un ouvrage supérieur à celui que j'ai osé entreprendre; mais, loin de craindre d'être relégué dans la classe des vieux auteurs, j'aspire à la gloire de provoquer les talens de ceux que la nature a doués de plus de moyens que moi, pour perfectionner l'instruction la plus utile.

Des Remontes. — *De l'espèce des Chevaux la plus propre au Service de la Cavalerie.*

RÉFLEXIONS SUR LES HARAS.

Les avantages de la cavalerie consistant principalement dans sa vitesse, dans sa force et dans son élévation, c'est du choix des chevaux que ces qualités dépendent primitivement, et on ne doit rien négliger pour se les procurer de la meilleure espèce; mais on sera privé de ce choix : 1°. si la consommation faite dans le royaume excède la production; 2° si le prix, haussant tous les jours, par la rareté de l'espèce, ne permet plus à nos moyens militaires que le rebut des autres consommateurs. C'est à peu près la position où nous nous trouvons en France dans le moment (1781) où j'écris.

Nulles lois, nuls moyens pour entretenir la balance (1) entre les prix accordés par le Roi et ceux fixés par le vendeur. Point ou presque point d'encouragemens donnés pour élever des chevaux dans le royaume où l'on en consomme le plus, où le sol est le plus généralement susceptible d'en produire. Que doit-il arriver de là ? Que nous faisons avec l'étranger le commerce le plus désavantageux, en lui portant notre argent pour ses chevaux.

L'Angleterre, et particulièrement l'Allema-

____

(1) On ne peut se dissimuler que ces vérités ne soient encore aujourd'hui des vérités, et des vérités fondées ; si les haras ont fait un grand pas vers un état meilleur, ils ont encore un grand pas à faire pour arriver à un état satisfaisant ; et la distance qu'on a franchie pour leur amélioration est moindre que celle qui reste encore à franchir. Le pas le plus difficile est fait cependant, et nous devons des actions de grâces à MM. Huzard, Flandin, Chabert, Girard, auxquels en appartient la plus grande gloire. Rappeler ces noms si célèbres, ce n'est pas seulement céder à un mouvement d'orgueil national, c'est se sauver de l'ingratitude.

gne, fait un grand profit sur cet échange.
Quelque énorme que soit la consommation
des chevaux, comparée à la quantité que le
royaume en produit, cette disproportion n'est
pas frappante en ce moment, par la facilité
que nous avons à en trouver chez nos voisins;
mais que la guerre se déclare en Allemagne,
que nous la fassions nous-mêmes, cette ressource nous sera enlevée, et les besoins augmentant, nous manquerons absolument de
ressource, cela est aisé à prévoir.

La cavalerie française, forte aujourd'hui
d'environ 16,000 chevaux, a au moins 8,000
chevaux allemands; si la guerre se déclare, il
faut que notre cavalerie soit portée de 35 à
40 mille; les équipages de l'armée, de l'artillerie, des vivres, en exigent presque autant;
je demande où on les prendra? Quels fonds
et quels moyens pourront suffire à la consommation de la guerre? Il sera trop tard alors
de s'apercevoir que la quantité et la qualité de
l'espèce nous manqueront. Commandés par
la nécessité, le choix ne nous sera plus permis;
il faudra tout faire servir (1); et la consomma-

---

(1) Nous en avons fait une triste épreuve après la campagne de Moscou, et les remontes ou plutôt les réqui-

tion se multiplie en raison de la foiblesse des chevaux que nous emploierons. Il seroit donc sage de faire de bonnes ordonnances sur les haras, et de s'occuper du rétablissement de l'espèce qui diminue tous les jours.

Une seule province, la Normandie, semble jusqu'à présent, avoir attiré l'attention du gouvernement. C'est, sans doute, par l'immensité de ses herbages et la qualité reproductive de son sol, qu'on l'a regardée comme la plus propre à élever des chevaux. Mais n'a-t-on pas pris la quantité pour la qualité? C'est ce dont on sera persuadé, quand, au lieu de répéter, sans connoissance de cause, que le cheval normand est le meilleur cheval français, on voudra examiner avec soin les haras et les productions de cette province. Un sol gras et fécond donne abondamment des fourrages; mais la qualité se ressent du terroir qui le produit; l'herbe très-abondante en sucs, fournit une nourriture propre à engraisser en peu de temps tous les herbivores. Les chevaux nourri dans ces fonds se reconnoissent aux formé arrondies de leurs muscles; le tissu en est plù lâche que tendineux, plus mou que compac

sitions de 1813, n'ont que trop vérifié cette prédictio

Tous les chevaux normands sont chargés de chair et d'épaule (1); ils ont rarement les extrémités sèches et déliées; ces chevaux ne sont ni vites ni courageux. Ils sont beaucoup plus propres au trait qu'à la monture. Malgré les soins des préposés, les extraits ressemblent rarement à ces superbes animaux tirés de tous les pays du monde, rassemblés à grands frais au haras du Roi.

La qualité trop nourrissante des pâturages de Normandie n'est pas la seule cause de la médiocrité des chevaux de cette province. Quelques amateurs, qui ont mis cette science à profit, parent même à cet inconvénient, en faisant choix d'herbages sur des terrains élevés et secs, pour y placer les poulains de trois ans, ce qui s'appelle les affiner; et ceux-là en effet réussissent mieux que les autres. Mais un soin généralement négligé dans cette province c'est le choix des mères. De quinze mille jumens couvertes chaque année, on peut avancer qu'il n'y en a pas deux cents qui méritent l'accouplement de ces superbes étalons. Non-seulement elles manquent de figure, mais en-

____

(1) Cette manière de voir sur le cheval normand, compte encore aujourd'hui beaucoup de partisans.

core de taille ; j'affirme cette vérité parce que ayant habité long-temps cette province, je me suis trouvé deux années de suite au haras dans le temps de la monte, et j'ai été frappé, comme tout le monde, d'un abus contre lequel on ne prend aucun moyen : on diroit qu'il est sans remède. Ce n'est point ici le lieu d'en proposer, ni de parler d'une nouvelle administration des fonds destinés aux haras. On sait que ceux qui sont assignés à la province de Normandie sont énormes ; il me suffit de démontrer que le découragement du fermier et la diminution de l'espèce, sont une suite inévitable de l'administration du jour, et que passé certain terme, c'est un argent mal dépensé que celui qu'on emploie à vouloir inutilement augmenter une production, au-delà de la mesure prescrite pour l'intérêt de la province.

En effet, tant que le propriétaire aura un profit plus sûr et plus démontré à faire le commerce des bœufs (1) que celui des chevaux, il

____

(1) C'est ce qui existe aujourd'hui dans le Limousin, relativement aux mulets, dont l'exportation en Espagne est considérable ; offrant de grands bénéfices, il est tout naturel qu'elle fasse abandonner, ou du moins négliger

serait absurde de se flatter de lui faire préférer la spéculation la plus dangereuse à une plus certaine et plus lucrative. La Normandie élèvera toujours une certaine quantité de chevaux; ce n'est point à multiplier ce nombre qu'il faut donner ses soins. Je le répète, ces efforts seroient inutiles, l'intérêt y tiendra toujours la balance, et on ne la peut faire pencher que par un intérêt plus grand.

Le commerce du monde entier est fondé sur cet axiome. Que la quantité varie donc ; cela est inévitable; mais l'amélioration est aussi soumise aux moyens que l'on emploiera. Que l'on substitue des jumens de race et de taille à ces bringues qui ne peuvent produire que leur image; que des étalons sains, libres dans leurs membres, et surtout dans un autre régime que celui des haras couvrent ces nouvelles poulinières, on aura indubitablement les meil-

---

l'éducation des chevaux. Celle du mulet est également une branche d'industrie pour le Poitou. L'Espagne en importe une assez grande quantité; et on seroit surpris quelquefois du prix qu'y mettent les muletiers espagnols. On en a vu payer au-delà de 3o, 4o et 5o louis. Après de tels avantages et la différence d'éducation toute en faveur du mulet, comment veut-on que le propriétaire se livre à celle du cheval, s'il n'y est pas encouragé ?

leurs chevaux. Mais que de préjugés s'opposent encore à nos succès ? Si l'on reproche aux
inspecteurs des haras de conserver des étalons
communs et mal faits, ils vous répondront qu'il
faut des chevaux de toute espèce, pour les
proportionner aux jumens et fournir aux consommateurs : comme si le bon, l'excellent n'é-
toit pas toujours préférable lorsqu'on peut se
le procurer. *Ce sont ces chevaux manqués*,
me disoit un jour un de ces préposés, *qui ser-*
vent à remonter vos dragons, il en faut comme
cela. Eh ! messieurs, où seroit donc l'inconvénient que nous fussions tous montés sur
des chevaux semblables au king-pepin (fameux étalon anglais) et à sa progéniture ! En
coûte-t-il plus pour élever un bon cheval
que pour en élever un mauvais, et le bon
n'est-il pas bon pour la guerre comme pour
la chasse ? D'après ce principe, l'expérience
a eu beau démontrer que plusieurs étalons ne
faisoient que de mauvais chevaux, ils ont été
conservés aussi long-temps que les meilleurs.
Si l'on commet des fautes si essentielles dans
l'administration des haras de Normandie,
c'est bien pis dans les autres provinces du
royaume où cette partie est absolument négli-
gée, faute de lois et d'encouragemens ; car,
nous ne pouvons douter que le Limousin,

l'Auvergne, le Berri, le Dauphiné, la Lorraine, l'Alsace, la Bourgogne, etc., ne puissent fournir d'excellens chevaux lorsqu'on le voudra. La province du Poitou montre l'exemple aux autres, c'est par les soins et l'activité de quelques amateurs, que les haras s'augmentent chaque jour, et, quand nous le voudrons, les rives de la Saône, de la Loire, de la Garonne seront couvertes de chevaux; mais que faut-il pour cela? des soins et une administration différente de celle des intendans de province. Il faut que ces messieurs renoncent à choisir eux-mêmes les étalons, à prescrire le régime des haras qui doit être fixé par des réglemens, et qu'ils se bornent à régir la comptabilité.

Qu'on élève dans chaque province des établissemens pour rassembler des étalons; que ces étalons y soient maintenus dans un régime et un exercice propres à entretenir leur vigueur; qu'on supprime les gardes étalons, les droits de monte, et par conséquent tous les abus qu'entretiennent aujourd'hui l'intérêt. Après s'être occupé de la reproduction de l'espèce, qu'on établisse des lois sur la consommation; qu'elles aient pour objet de reléguer (1) les jumens chez le cultivateur,

____

(1) Qu'on les proscrive surtout dans nos régimens,

comme on le pratique rigoureusement en Espagne; que ces lois fixent de plus le temps de
la castration ; qu'elles l'ordonnent pour les
chevaux au-dessous de huit pouces , et l'assujettissent à un impôt pour ceux au-dessus de
cette taille. Alors la France deviendra la partie
de l'Europe la plus peuplée en chevaux, le
consommateur ne sortira pas son argent du
royaume ; la cavalerie trouvera à se remonter;
elle doublera ses avantages, et acquerra une
supériorité décisive sur celle des autres puissances. Les cuirassiers monteront des chevaux
de cinq pieds ; les dragons et hussards , de
huit, neuf et dix pouces. Le Français, plus fa-
miliarisé avec les chevaux, les aimera davantage, sera plus entreprenant, et en tirera plus
de parti.

On verroit des régimens montés sur des
chevaux entiers, bien choisis et bien exercés,

---

qu'elles ne soient plus admises dans les remontes. La pé-
nurie de chevaux fera alors sentir la nécessité des mesures
prises, exécutées en Espagne. Elles deviendroient (les
jumens) de plus une ressource qu'il se faut ménager pour
les momens les plus critiques. Quels avantages la cavalerie
française n'eût-elle pas retirés de mesures semblables
adoptées quelques années avant la désastreuse année de
1812,

faire des marches étonnantes par leur longueur et leur difficulté. Toutes ces choses arri-
veront un jour puisqu'elles sont possibles ;
alors on sera surpris de la manière dont nous
nous servons aujourd'hui de la cavalerie. Je
prédis qu'il en viendra (1) une tellement choi-

––––––––––

(1) Nous partageons volontiers la responsabilité de cette
prédiction, nous saisissons cette occasion de témoigner
notre étonnement qu'en France, où les changemens, où
les innovations trouvent tant de partisans, l'expérience
des chevaux entiers n'ait pas été faite ; qu'on n'ait pas
encore essayé de ne se plus servir de chevaux châtrés.
Quel précieux avantage pour la cavalerie, si l'essai étoit
couronné du succès ; mais les chevaux entiers ne dussent-
ils être admis que dans la grosse cavalerie essentiellement
de ligne, où les hennissemens ne sont d'aucune conséquence, nous ne nous désisterons de l'opinion que nous
avons embrassée relativement à cette expérience, que
quand on l'aura faite sur un régiment de cuirassiers, ou
au moins sur une fraction de régiment, sur un escadron,
avec des cavaliers choisis, instruits, aimant le cheval, et
commandés par un officier ayant les mêmes qualités (au
degré où un officier doit les posséder), et de plus, partisan
de cette opinion, qui n'est rien moins que nouvelle ; nous
ne nous désisterons, disons-nous, de notre opinion, nous
ne nous rétracterons, que lorsque cette expérience, ten-
tée deux fois par deux officiers différens, aura échoué,
et nous aura bien démontré notre erreur.

sie, montée, équipée et exercée, qu'elle fera en six heures le chemin que nous faisons en six jours; mais cette révolution sera longue, parce que pour l'opérer il faut, malgré ceux qu'on a déjà vaincus, vaincre les préjugés qui s'y opposent encore.

Je ne m'arrêterai point à parler du choix des chevaux, et à donner des signes caractéristiques de la force et de la bonté de cet animal. Assez d'autres ont traité amplement cette matière. J'y renvoie mes lecteurs, non pour s'y instruire en adoptant aveuglément les systèmes et les principes qu'ils trouveront dans ces ouvrages; mais je les y renvoie pour mettre ces principes en parallèle avec ce que l'expérience leur apprendra un jour. Ce n'est que l'expérience qui nous dévoile les jeux bizarres de la nature que nous voulons en vain soumettre à un ordre classique auquel sa variété se refuse. L'hippiatrique sans doute deviendra une science utile; mais ses progrès seront lents, parce que les conjectures en ont tracé les principes, et que la seule expérience doit et peut les asseoir d'une manière fixe.

Les qualités du cheval ne se dévoilent pas avec toute l'évidence que les auteurs nous annoncent : celui qui achète n'a que deux manières de juger; la première par l'inspection de l'extérieur, seul moyen pour le poulain jusqu'à l'âge de trois ans ; la seconde par le tact fin de l'essai qu'il peut mettre en usage pour le poulain de quatre ans. Ici il faut plus que des connoissances d'hippiatrique. L'écuyer voit et suit dans l'action des muscles des choses inconnues au reste des hommes. Méfiez-vous de ces connoisseurs qui tâtent les jarrets au lieu de voir marcher et de monter l'animal. Je n'entreprendrai pas de développer une nouvelle doctrine sur la connoissance des chevaux, il faut que vingt années d'expérience confirment encore les idées neuves que j'ai sur cet objet ; mais jamais je ne m'accoutumerai à voir un inspecteur décider, à la première vue, de la bonté de tel ou tel cheval, ou prononcer un arrêt de condamnation sans un examen récidivé.

Instruction des Chevaux de remonte.

L'instruction des chevaux n'est pas moins essentielle que celle des hommes et s'il me falloit opter sur la nécessité, d'avoir dans un escadron des recrues ou des chevaux de remonte, je prendrois les premières, et refuserois les seconds. En général, ce n'est qu'à cinq ans et demi, six ans, que le cheval est en état de rendre des services réels; il seroit cependant nuisible de le laisser jusqu'à ce temps sans exercice : ce seroit contrarier la nature, qui veut agir dès qu'elle en a la force (1); l'exercice l'augmente à un point incroyable, lorsqu'il est bien ordonné; nous ne doutons pas de ce principe, car nous n'osons entreprendre une route, sans mettre, ce que nous appelons nos chevaux en haleine, et qu'est-ce que mettre des chevaux en haleine ? si ce n'est leur donner l'habitude de la fatigue ou de la force (2). C'est dans cette habitude, que je voudrois que le cheval fût entretenu depuis l'âge de quatre ans, par progression et sans le forcer ; on lui verroit faire dans l'âge de vigueur un travail incroyable. Que résulte-t-il donc de la vie molle et sédentaire de notre cavalerie ? que si elle sort plus de huit fois par mois, elle dépérit(3). Eh quoi ! le cheval si fort, si vigoureux,

---

(1) La nature n'a point fait le cheval pour être enchaîné, ne marcher et ne se mouvoir que six heures par semaine, qui est la méthode des troupes en temps de paix. Les meilleurs chevaux deviennent rosses à cette vie.

(2) Qu'est-ce qui fait le coureur, le marcheur ? est-ce une espèce d'hommes différente ? c'est l'habitude, l'exercice; les forces s'accroissent dans cette proportion.

(3) C'est une remarque faite souvent, si l'on est sorti

n'est en état de faire, par l'éducation que nous lui donnons, que la journée d'un homme à pied ! Est-ce là tirer tout l'avantage possible de notre cavalerie ?

La première nation qui bravera le préjugé, qu'il faut laisser sa cavalerie à l'écurie, et avoir des chevaux gras ; les premiers régimens qui oseront sortir tous les jours, et doubler leur travail, auront bien de l'avantage sur les autres.

Je voudrois que des chevaux, du moment de leur arrivée à un régiment, fussent promenés tous les deux jours en main, pendant une ou deux heures ; et, lorsque le temps ou les circonstances ne le permettroient pas, on les feroit trotter à la longe sans cavalier. L'expérience nous prouve que cet exercice, bien donné, aide le développement de la nature, accélère, augmente les forces (1). Mais cette leçon de la longe, si bonne, si avantageuse pour assouplir et délier le cheval, deviendroit très-pernicieuse sous la conduite d'un homme

---

deux fois de plus dans un mois que dans d'autres, les chevaux sont efflanqués ; il faut les mettre au son, les saigner, etc.

(1) Lorsque ce sera toujours le même officier qui sera chargé de ce travail, il ne donnera à chaque cheval qu'un exercice proportionné à ses forces ; il donneroit même à quelques-uns des jours de repos, si cela étoit nécessaire.

qui ignoreroit ce que c'est qu'aplomb et souplesse dans l'animal, et qui n'auroit pas l'habitude de se servir du caveçon et de la chambrière, dont il est si aisé d'abuser.

Les chevaux neufs seroient toujours confiés
à l'officier chargé en chef de l'équitation, qui
les feroit monter, à mesure qu'ils acquerroient des forces (1), par les élèves ou sous-
maîtres les plus forts ; car, pour dresser un
cheval, corriger ses fantaisies, en un mot, lui
donner une certaine connoissance de la main
et des jambes, dans le moins de temps possible et sans les ruiner, il faut des hommes faits ;
et les plus savans seront les meilleurs.

On ne peut rien fixer sur le temps du travail
ni la longueur des leçons, ces choses sont
proportionnées aux forces ; celui qui est chargé de la besogne peut seul en juger. Mais,
règle générale, le jeune cheval ne doit être
monté que quand il commencera à trotter à la
longe avec souplesse et force, se soutenant
sans tirer sur son caveçon et sans forger. Ces
leçons de longe seront courtes, et données
successivement aux deux mains. On habituera
le cheval, durant tout ce temps, à avoir une
selle sur le corps, et un bridon à la bouche :

____

(1) Epoque à peu près fixée à quatre ans.

avant et après la leçon , un homme le montera et descendra plusieurs fois de différentes manières , pour le faire au montoir : il est très-nécessaire que des chevaux de troupe y soient absolument tranquilles. La turbulence de quelques-uns provient du peu de soin, ou des moyens durs qu'on a employés à les y former. Le cheval jugé en état d'être monté, le sera toujours en liberté et le plus large possible, c'est-à-dire, en évitant de tournoyer, et suivant toujours les murs du manége. Les premiers tours se feront au pas, et successivement on le fera partir au trot.

Il n'est donc point étonnant que beaucoup de jeunes chevaux , ne connoissant ni les mains, ni les jambes de leur cavalier, non-seulement n'y obéissent pas , mais s'y défendent, soit en s'emportant et refusant l'obéissance au bridon , soit en s'arrêtant et refusant l'obéissance aux jambes. Voilà pourquoi il est essentiel d'avoir des cavaliers faits, pour les monter, qui n'étant point dérangés des contre-temps , soient toujours prêts à y apporter la correction. C'est dans l'école générale, où les maîtres de nos régimens auront puisé les principes qu'ils pratiqueront ; j'en ai dit assez au chapitre XII, et je n'ajouterai ici que quelques réflexions particulières sur nos petites écoles.

Dans les commencemens, on observera de faire marcher plusieurs chevaux ensemble, afin de les accoutumer à l'approche sans être ruailleurs. On les fera souvent changer d'ordre entre eux, marchant tantôt premiers, tantôt derniers, et sortant indifféremment du rang. En acquérant force, liberté et obéissance, on leur fera décrire toutes sortes de figures, ou traces dans le manége, aux deux mains en les faisant passer successivement du pas au trot, du trot au pas, du pas à l'arrêt, et de l'arrêt au partir.

Un cheval qui sera monté une heure ou deux par jour, selon ces principes, n'en sera que plus vigoureux. Il ne faut point presser son instruction, puisqu'il ne doit passer à l'escadron au plutôt qu'à cinq ans et demi; je conseille aussi de ne les emboucher que trois ou quatre mois avant cette époque. Quand ils auront acquis un peu de sagesse, on fera très-bien de les sortir toutes les fois que le temps le permettra, et de marcher dehors par deux, trois et quatre, moitié du temps au pas, moitié au trot, et quelque temps avant de les emboucher, s'ils marquent assez de force, ce qui s'apercevra s'ils se présentent d'eux-mêmes au galop; on leur en laissera faire quelque temps, toujours dehors et droit devant eux, n'importe sur quel pied, pourvu que le galop soit uni, en observant de les remettre au trot et au pas, sitôt qu'ils prendroient de l'ardeur ou s'allongeroient trop.

Les mouvemens de main étant plus dangereux pour les jarrets du cheval, dans l'allure du galop que dans tout autre, il est très-avantageux de les y mettre quelquefois, pendant qu'ils sont encore au bridon.

Selon la méthode que je propose, les chevaux auront à peu près dix-huit mois (1) pour

---

(1) On m'objectera, sans doute, le temps énorme que j'accorde à l'instruction du cheval. Je sais que ma proposition doit d'abord choquer, en présentant un système qui laisseroit un huitième de chevaux, entretenu par le Roi, hors de service; mais je prie de faire attention, que par la manière et les moyens dont la cavalerie française se sert aujourd'hui pour se remonter, le même huitième est dans l'inaction. Tout le monde sait qu'on ne trouve plus à acheter que des chevaux de trois ans et demi ou de quatre ans, que les chevaux à cet âge, n'ayant acquis ni leur taille ni leurs forces, sont des poulains hors d'état de rendre les mêmes services que les chevaux faits, et que les mettre dans l'escadron, c'est les ruiner. On a vu en 1767 le corps des carabiniers obligé d'employer ses remontes pour se compléter, et paroître devant le Roi au camp de Compiègne. Après cette revue, il fallut renouveler tous les jeunes chevaux, la perte fut énorme; tout ce qui n'avoit pas cinq ans fut ruiné. Presque tous les régi-

arriver au point où nous sommes, qui est assurément un temps bien suffisant pour ne rien
brusquer ni forcer la nature.

Des chevaux, embouchés avec le soin dont
j'ai parlé au chapitre XII, seront obéissans au
mors. Dès l'instant qu'ils auront la bride, on
les travaillera quatre fois la semaine, et toujours dehors sur les trois allures ; on sera plus
exigeant sur la régularité du partir et des
arrêts ; on les galopera aux deux mains, et on
leur donnera l'habitude de partir, d'eux-mêmes,
sur les pieds de dedans, c'est-à-dire, dans les
mouvemens circulaires à droite, de partir sur
les pieds droits ; et dans les mouvemens circulaires à gauche, sur les pieds gauches. Ces
choses sont bien essentielles dans l'escadron,
pour éviter les chutes et converser avec justesse ; et, quoiqu'au premier coup-d'œil, il
paroisse difficile d'obtenir cette précision d'une

---

mens attendent leurs chevaux jusqu'à cet âge ; mais on les
laisse pendant cet intervalle dans l'inaction, ou du moins
ils n'ont aucun travail réglé ; c'est ce que je crois vicieux :
l'exercice modéré leur est nécessaire, et c'est toujours en
tirer parti, que de les faire monter par les élèves et sous-
maîtres, qui s'instruisent, et les chevaux se trouvent
dressés lorsqu'ils ont acquis la force nécessaire pour entrer dans l'escadron.

troupe, cette habitude se contractera aisément, lorsque les chevaux seront souples et obéissans, et que l'homme saura tenir et rendre la main à propos.

Quoique je recommande d'être un peu plus exigeant dans ces derniers temps, on se gardera cependant de tracasser les chevaux des mains et des jambes, défaut commun de presque tous les élèves, qui n'ont passé que peu de temps dans les écoles de cavalerie, et qui n'ayant, ni assez raisonné sur la justesse des allures du cheval, ni assez de pratique de l'équitation, regardent ordinairement comme le chef-d'œuvre de l'art, de rejeter tout le poids du corps de l'animal sur ses jambes de derrière. On ne parlera jamais de *rassembler ses chevaux*, mauvais précepte, dont on a abusé dans la cavalerie ; mes chevaux seront instruits et exercés depuis dix-huit mois, à se servir également de leurs quatre jambes ; ils auront pris l'habitude d'être droits et d'aplomb, ils seront rassemblés.

Les élèves, ces hommes destinés à monter les jeunes chevaux, auront pour première qualité, patience et sagesse (1), si nécessaire pour instruire des animaux.

____

(1) Si l'on s'est plaint avec tant de raison de l'équita-

13*

Ils ne travailleront jamais que sous l'œil de l'officier chargé en chef de l'équitation, ou celui qu'il aura jugé avoir assez de talens et de principes pour l'aider et le remplacer.

Dans ces temps, qui précéderont l'entrée des jeunes chevaux à l'escadron, on les accoutumera au feu : pour cela, on ne suivra point ce vieil usage de faire tirer des coups de pistolet dans l'écurie ; mais, à la fin de chaque exercice, les chevaux étant remis en escadron, et l'escadron étant de pied ferme, on fera faire un feu de file, puis un feu d'escadron. On accoutumera aussi cet escadron à marcher sur le feu de l'infanterie ; et lorsque les chevaux seront tranquilles dans le rang, on séparera les cavaliers, on marchera par file, et chacun chargera et tirera à volonté, soit en marchant, soit de pied ferme.

Les chevaux instruits, selon cette méthode, et les cavaliers travaillant sur des principes unanimement reconnus, formeront un esca-

____

tion dans la cavalerie, c'est lorsque les maîtres s'occupoient à faire passager, rassembler et piaffer leurs chevaux, sans s'inquiéter s'ils étoient droits, d'aplomb et assouplis. Les écoliers de Saumur et de Cambray, qui avoient pris des voltes sur deux pistes, vouloient en faire prendre aux cavaliers.

dron léger et formidable, par l'union et l'ensemble de ses individus; l'instruction entretenue et assujettie à une forme invariable, la machine ira toute seule. Mais, lorsque la forme de l'instruction changera tous les ans; lorsque les principes seront multipliés à l'infini sans être démontrés; lorsqu'on aura été les puiser dans plusieurs écoles différentes; lorsqu'on passera son temps à contester; lorsqu'on emploiera des mots techniques et des phrases vides de sens pour donner leçon; lorsque plusieurs hommes, pensant différemment seront tour à tour chargés de cette besogne; lorsque le travail sera divisé en plusieurs classes, qu'elles seront indépendantes les unes des autres, et n'auront pas pour premier maître le chef commun; lorsqu'enfin ce chef commun ne choisira pas ses aides, ne les instruira pas lui-même, et n'en disposera pas, on pourra avoir des instans d'apparence, mais on n'obtiendra jamais de véritables succès.

De quelques passages du second volume, qui ont paru les plus dignes d'être conservés.

TACTIQUE DE CAVALERIE.

La nécessité d'instruire les troupes est assez universellement reconnue, pour que je n'aie pas besoin de chercher à en prouver l'utilité.

Le désir de la victoire a fait chercher aux hommes les moyens de se l'assurer, et toutes les nations anciennes et modernes ont connu un art plus ou moins savant d'attaquer ou de se défendre. Ceux qui ont fait les premiers pas, ont acquis de grands avantages.

Les Grecs instituèrent l'art de la guerre et vainquirent toutes les forces de l'Asie. Les Romains le perfectionnèrent, et vainquirent le monde.

La Prusse est de nos jours (1783) un exemple frappant de ce que peut une armée nombreuse, composée de soldats bien exercés et bien disciplinés. Frédéric II a toujours devancé ses ennemis, et il est encore le modèle qu'ils tâchent d'imiter.

Cette émulation est nécessaire à la balance du système politique de l'Europe. Malheur à

la nation dont le militaire reste en repos, tandis que les autres s'exercent au champ de
Mars.

La tactique est l'art de ranger des troupes,
les mouvoir et les ranger de nouveau sur
toutes les données possibles, dans l'ordre démontré le plus avantageux. M. de Ménil-
Durand a dit en deux mots : la tactique est la
science de l'ordre : sa définition est exacte.
L'opération qui change l'ordre des troupes,
suivant les circonstances, s'appelle *manœuvre*.

On chercheroit vainement dans les anciens
auteurs des principes sur l'art de la cavalerie ;
tout ce qu'ils nous apprennent, c'est que les
Grecs et les Romains ont tour à tour employé
cette arme avec succès contre leurs ennemis ;
mais ils ne nous ont laissé que des idées con-
fuses sur la vitesse, la force et la forme de leurs
escadrons, non plus que sur leur tactique ou
l'art de les mouvoir.

L'ordre que la cavalerie a long-temps conservé en se rangeant sur dix, quatre ou trois
de hauteur, rendoit ses mouvemens circulaires très-difficiles, et l'obligeoit à se rompre
toujours sur de grands fronts.

En abandonnant la profondeur, et en nous
formant sur deux rangs, nous avons rendu
les conversions plus faciles, nous avons fait

des fractions plus aisées à mouvoir, et par conséquent acquis plus de légèreté. Reprendre l'usage d'un troisième rang, comme quelques auteurs modernes l'ont proposé, et comme cela se pratique encore dans les troupes de l'Empire, sous prétexte de gagner les flancs de l'ennemi; ce seroit absolument retomber dans les inconvéniens de notre ancienne pesanteur. Avant la paix de 1763, la cavalerie ne manœuvroit point; on ne connoissoit ni sa légèreté ni sa force. L'ignorance des officiers les mettoit hors d'état de faire exécuter à leur troupe les mouvemens les plus simples; et lorsqu'à la guerre il falloit transporter une ligne de cavalerie, ou même un régiment d'un point à un autre, c'étoit toujours avec tant de peine, de parlementage et de lenteur, que l'on préféroit souvent la laisser dans une position fâcheuse ou inutile, à l'embarras de la mouvoir, et au risque de la désordonner.

Cet aveu est trop universel pour craindre qu'il soit démenti; et ce qui prouve, plus que tout ce que je saurois dire, l'ignorance de ce temps-là, c'est qu'en maintes occasions on a vu la cavalerie charger au pas, et au trot des colonnes d'infanterie, qui, ne se trouvant ni entamées, ni ébranlées, ni intimidées, ont repoussé ces masses maladroites, qui venoient lentement s'exposer à tout leur feu.

L'ignorance générale du militaire français, prouvée évidemment par la comparaison des armées alliées et ennemies avec lesquelles on venoit de faire la guerre, confirma M. le duc de Choiseul dans la résolution nécessaire d'opérer la révolution que nous lui avons vu entreprendre avec tant de courage. Une nombreuse réforme, des créations nouvelles, l'administration changée, de nouvelles instructions pour les exercices et les manœuvres des trois armes, une refonte générale des lois militaires pour rétablir la discipline et encourager les talens : tel est le tableau sommaire de l'immense travail de ce ministre.

La révolution de 1763 excita le mouvement, produisit l'émulation, et tira le militaire du sommeil léthargique où il étoit resté pendant la dernière paix. La cavalerie commença à sortir de ses écuries ; on fit manœuvrer les escadrons deux ou trois fois par semaine, sans avoir à craindre, comme avant, les représentations de MM. les capitaines sur l'excès de ce travail. Les escadrons galopèrent enfin, et c'étoit avoir beaucoup gagné.

Les mots d'*ensemble*, *vitesse* et *impulsion* commençoient à être connus, et l'on sentoit que les idées exprimées par ces mots dévoient être les qualités ou les propriétés d'une cavalerie parfaite. L'ordonnance de 1768 fut écrite sur ces principes ; dans toutes les manœuvres qui y sont indiquées, on voit que l'objet est de ne s'éloigner jamais que le moins possible de la force que donne l'ensemble. Si l'on y fractionne une ligne, c'est pour la mouvoir avec plus d'aisance ; on avoit cherché à lui donner même dans ce décousu, une force qui la mît à l'abri de la surprise, et qui diminuât par conséquent le péril des manœuvres entamées devant une cavalerie entreprenante.

Cette ordonnance, excellente en plusieurs points, étoit pourtant confuse et compliquée en quelques autres ; elle manquoit de ces principes et de ces moyens généraux qui déterminent l'exactitude dans ce mouvement des lignes et des colonnes ; on apercevoit des corrections et des additions nécessaires, et il étoit question de les entreprendre, lorsque la nouvelle constitution de 1776 détermina à la refonte générale de cette ordonnance. Celle qui régloit les manœuvres de l'infanterie venoit de paroître ; elle avoit été reçue avec enthousiasme : les principes de l'Essai général de Tactique sembloient lui avoir servi de base ; ce livre faisoit encore une grande sensation, et malheureusement il fut ou trop connu ou mal conçu par les deux officiers choisis pour

être les rédacteurs de la nouvelle ordonnance
de cavalerie.

On avoit lu dans le livre de l'Essai général :
« Que l'infanterie et la cavalerie devoient
» avoir une analogie entre elles ; que les mou-
» vemens du bataillon et ceux de l'escadron,
» devoient arriver aux mêmes résultats ; qu'il
» falloit s'attacher à les combiner ensemble,
» les rendre si intimement analogues que ceux
» de l'infanterie ne fussent point étrangers à
» la cavalerie, et que ceux de la cavalerie ne
» le fussent point non plus à l'infanterie, etc. »
Si cette analogie, imaginée par un officier
d'infanterie, avoit été examinée et appréciée,
on l'auroit bientôt rejetée comme vague et
chimérique. On auroit senti que deux armes,
caractérisées par des différences aussi essentielles, et chacune par des propriétés particulières, ne pouvoient avoir ni les mêmes manœuvres, ni les mêmes moyens, puisque la
fin de ces manœuvres n'avoit pas le même
objet. Mais on regarda cette analogie comme
une idée neuve, donnée par le premier tacticien que nous eussions alors ; et l'on crut qu'en
modérant ou calquant le système des manœuvres de l'infanterie, et en copiant cette arme
dans tous ses petits moyens, on simplifioit
tout, on touchoit au but, en un mot à la per-

fection. Pour rendre ce qui va suivre plus intelligible, nous allons commencer par rappeler les propriétés de la cavalerie.

Le mouvement, la vitesse et le choc sont les propriétés de la cavalerie; elle doit renoncer à l'usage du feu, si l'on en excepte celui que donnent nos dragons et nos hussards, dispersés en tirailleurs, à dessein d'inquiéter l'ennemi ou de le tromper, soit en l'attirant, soit en lui couvrant par ce rideau les manœuvres ou les dispositions qui se forment derrière. Nous regarderons donc dès à présent comme un principe reçu (et cela parce qu'il est généralement donné par tous les grands maîtres sans exception) que la cavalerie ne doit jamais faire aucun usage de ses armes à feu : première occasion d'observer qu'il n'y a à cet égard aucune analogie entre l'infanterie et la cavalerie. Cette dernière ne pouvant être nullement offensive pour une infanterie retranchée, elle doit être dans l'ordre et dans la position la plus propre à éviter son feu; mais en même temps dans l'ordre et la position la plus convenable à la célérité de sa marche, et à l'action du choc; souvent donc la même raison qui fait déployer l'infanterie, doit faire ployer la cavalerie.

La cavalerie, réduite à une seule manière de se battre, ne pouvant se rendre redoutable

que par le choc, sa tactique doit avoir pour
objet de l'éviter, lorsqu'elle n'est pas en force
de le recevoir, et de le rendre inévitable lorsqu'elle veut charger. Dans l'un et l'autre de
ces cas, les mouvemens de la cavalerie doivent
donc être célères et non interrompus.

L'infanterie peut se déployer de pied ferme
et près de l'ennemi, parce qu'elle commence
son combat de mousqueterie au moment où la
tête de sa colonne fait halte ; mais, pour la cavalerie, ces haltes et ces déploiemens seroient
un état de foiblesse, dans lequel elle ne doit
jamais se présenter : que devient donc l'analogie ?

La rectification géométrique des alignemens
est très-nécessaire sans doute dans la manœuvre d'une ligne de cavalerie ; et toutes les fois
qu'on exerce cette arme à des évolutions, les
allures graduées et des arrêts fréquens sont
des moyens à employer pour former le coup-
d'œil des officiers et réparer les petites fautes :
rien n'est minutieux, quand on est à l'école et
aux détails. Mais il faut bien se garder de se
servir continuellement du compas de l'infanterie, pour régler les mouvemens de la cavalerie ; car, encore une fois, il seroit extravagant de vouloir trouver et mettre de l'analogie
dans des détails qui n'en peuvent avoir. Par

exemple, les stations si répétées et si rapprochées dans les manœuvres d'infanterie, sont
nécessaires pour l'ensemble et l'accord de la
marche des hommes, et par conséquent à l'ordre de nos bataillons.

Dans la cavalerie, au contraire, plus ces
stations seroient rapprochées, plus les allures
deviendroient interrompues, tâtonnées et in-
décises.

Les chevaux s'unissent davantage dans un
mouvement suivi. Tous les officiers connoissent
cette vérité, et ceux qui connoissent plus particulièrement l'équitation, sont convaincus en
outre que la cavalerie, par économie pour ses
chevaux, doit avoir pour principe de s'abstenir
des haltes trop multipliées. Ces haltes main-
tiennent donc l'ordre dans une arme, tandis
qu'elles occasionnent le désordre dans l'autre:
que devient l'analogie?

Je pense que la cavalerie, une fois ébranlée,
doit arriver à son objet, et n'être jamais inter-
rompue dans sa motion, sans une nécessité
absolue. Il est vrai que je ne suppose pas,
comme l'ordonnance de 1777, la cavalerie
alignée sur le troisième rang de l'infanterie,
ou sur la seconde file, marchant, manœuvrant
et suivant cette infanterie; car alors il faudroit
bien s'arrêter aussi souvent qu'elle. Mais je ne

conçois pas la circonstance, l'occasion où cette analogie, ou pour mieux dire, cette assimilation et ce vrai mélange des deux armes puisse être regardé comme nécessaire ; et je crois être fondé à soutenir, que ce n'est pas connoître les propriétés de la cavalerie, ou vouloir y renoncer, que de faire faire à nos escadrons les mêmes pas qu'une ligne d'infanterie.

Cette chimérique analogie ou assimilation n'a pas seulement déterminé ces haltes continuelles et ce tatillonnage passé en principe dans notre dernière ordonnance de cavalerie ; elle a déterminé encore l'adoption générale des mouvemens individuels ou par file, que l'on nous y indique comme le moyen supérieur pour ployer et déployer nos colonnes masses.

Ici les rédacteurs me semblent n'avoir pas mieux calculé. Ils auroient dû voir que ce moyen excellent, et le premier de tous pour l'infanterie, ne convient point aux individus de l'escadron, et voici pourquoi : le bataillon fait à droite ou à gauche, par file tout à la fois et sans se désunir, il offre dans cette position le même ordre et le même ensemble que quand il est de front ; dans l'escadron, au contraire, comme le cheval tient en longueur trois fois sa largeur, les individus ne peuvent faire qu'un à-droite successif, image du plus parfait désordre ; car indépendamment de ce que le cavalier de la gauche d'un escadron ne peut faire à droite, que lorsque le cavalier de la droite de ce même escadron a déjà parcouru un espace triple du front de l'escadron, c'est-à-dire une ligne de 150 toises (si le front est de cent cavaliers). Indépendamment, dis-je, de cette mesure géométrique, cette file s'allonge encore, 1° parce qu'il est impossible que chaque cavalier tienne directement le nez de son cheval à la queue de celui qui le précède ; 2° parce que le cheval, dans les allures du trot, et du galop surtout, occupe un espace plus considérable que dans le repos ou dans l'allure du pas. Je dis plus, dans cette procession foible et désordonnée, chaque cheval a une allure différente ; car le mouvement a beau être commandé au galop, celui qui fait son à-droite ne peut partir au même train qu'a déjà acquis celui qui est au milieu de sa course ; et celui qui est prêt à arriver pour faire front, diminue aussi son allure, à mesure qu'il approche du terme. L'expérience fera voir que la cavalerie exercée sur des principes qui nécessitent autant d'à-coups, sera de la cavalerie bientôt ruinée.

Mais pourquoi employer ces mouvemens

individuels, ces à-droite ou à-gauche par file,
quand on peut y suppléer par d'autres mouvemens bien plus sûrs et bien plus simples? Est-
ce parce que l'auteur de l'Essai général de
Tactique les a indiqués? Auroit-on porté l'enthousiasme jusqu'à admirer l'ingénieux déploiement dont se sert M. de Guibert dans sa
grande Tactique, où l'on voit vingt escadrons
se déployer par un mouvement rétrograde,
par file sur la queue de cette colonne. Peut-il
jamais exister une circonstance, un prétexte
qui justifie la fausseté de cette manœuvre aussi
foible que dangereuse et désordonnée? Pourquoi choisir la dernière troupe d'une colonne
pour servir de base ou de régulateur à l'alignement? Pourquoi même choisir celle du centre
ou toute autre, tandis que la première troupe
peut toujours servir à déterminer la hauteur
du déploiement en avant? Je regarde même
ce principe comme un de ceux dont il est le
plus important de ne jamais s'écarter; car si
toute manœuvre est dangereuse en présence
de l'ennemi, à plus forte raison celles qui sont
foibles et décousues, ne doivent jamais s'y
risquer.

C'est d'après ces lois de la tactique et de la
raison qu'il faut se garder d'avancer trop des
têtes de colonne pour les effacer ensuite par

des mouvemens rétrogrades qui montrent des flancs sans résistance, et sur lesquels il n'y auroit qu'à faire la plus légère irruption pour y jeter un désordre irréparable.

Plus le livre de l'Essai général de Tactique a fait de sensation, plus la réputation de son auteur est grande et méritée, plus j'ai moi-même d'admiration et d'estime pour ses talens; plus je me crois obligé de relever les erreurs que son livre renferme. J'ai cru que je pouvois me montrer quelquefois d'un avis opposé à M. de Guibert, sans que l'on pût me soupçonner pour cela d'avoir voulu porter atteinte à sa gloire. Les dissertations auxquelles je me livre, doivent d'autant moins être regardées comme des critiques, que l'auteur que je me permets de réfuter, nous a prévenu lui-même, avec une franchise digne d'éloge, que les détails de la cavalerie lui étoient presqu'étrangers (1). Revenons donc à ces détails,

____

(1) Je ne vais point m'engager à faire pour la cavalerie un travail aussi étendu que celui que j'ai fait pour l'infanterie; accoutumé à manier les détails de cette dernière, j'ai pu en parler avec assurance. Ceux de la cavalerie me sont plus étrangers; je ne les approfondirai donc pas. (*Essai de Tactique*, tom. I, *sur la tactique de la cavalerie*).

et présentons-les, non tels qu'on les trouve dans la plupart des livres militaires, mais tels qu'ils nous paroissent devoir être pour la plus grande perfection de la cavalerie. La plus grande célérité et le plus grand ordre qui tient les parties en force, quoique divisées, sont les deux grands moyens qui conduisent à une supériorité décisive. Les effets sont dans le rapport des causes : une mauvaise cavalerie, ou une cavalerie peu instruite, sera toujours battue par une cavalerie meilleure ou plus savante.

La victoire suivait partout la cavalerie numide; elle battit celle des Romains partout où elle la trouva; puis après, alliée à cette dernière, elle gagna la bataille de Zama, et finit la guerre, en faisant triompher ceux qu'elle avoit si souvent vaincus.

Nous avons lieu de croire cependant que la cavalerie numide, et toutes celles qui sont devenues fameuses depuis, ont dû leur supériorité et leurs succès à une grande légèreté plutôt qu'à de savantes manœuvres; mais quels que fussent leur ordre et leur manière d'attaquer et de se battre, sans doute elle étoit encore meilleure que celle de leurs ennemis.

Les progrès qu'a faits la tactique, rendroient aujourd'hui inutile la vitesse sans ordre; les charges en fourrageurs ne nous conviennent plus : il faut que nos cavaliers sachent non-seulement pousser leurs chevaux dans la carrière, mais encore les unir de vitesse et d'efforts, pour opérer un choc au-dessus de la résistance.

C'est pour résoudre ce problême, unir la force à la vitesse dans tous les mouvemens de la cavalerie, que nous avons composé différens systèmes de manœuvre. Nos ordonnances en devroient être le précis, et ne contenir que des principes clairs, incontestables et nécessaires ; mais parce qu'on a dit et répété vaguement *qu'une ordonnance devoit tout prévoir*, on est parti de là pour multiplier les combinaisons, supposer les circonstances les plus extraordinaires, et offrir des problêmes à l'infini ; on croit justifier ainsi les doubles moyens, la multiplicité des manœuvres et le volume des ordonnances.

Lorsque nous serons plus savans, nous trouverons des règles simples et générales, qui feront disparoître tant de petits moyens si propres à nous éloigner de la perfection.

Mais si les progrès de la tactique sont lents, s'ils sont souvent arrêtés et interrompus par des disputes minutieuses, il ne faut s'en prendre qu'à la rareté des occasions que nous avons de vérifier nos pesans calculs par la pratique et l'expérience. Ce n'est qu'en faisant la guerre que l'on peut en apprendre le métier, en France surtout où en temps de paix toute expérience cesse. Les petits tableaux remplacent les grands, on s'occupe de tout excepté de la manœuvre; aussi voit-on beaucoup d'officiers en état de commander des évolutions à un régiment, mais bien peu en état de faire manœuvrer une ligne. Il faut se souvenir ici de la différence que j'ai établie entre les évolutions et les manœuvres; les premières n'exigent qu'une litanie de commandemens, apprise par cœur; tandis que les secondes veulent de plus la combinaison, la prévoyance, la parfaite connoissance du mécanisme des mouvemens, afin d'employer toujours ceux de la circonstance et du moment, véritable talent de l'officier de cavalerie. Mais encore une fois, nos exercices de paix peuvent-ils donner ce talent? Les à-droite, les à-gauche et les tournoiemens que nous faisons sans objet dans un terrain circonscrit, et que nous appelons improprement manœuvres, sont très-bons pour l'instruction des cavaliers; mais n'exercent nullement l'intelligence de ceux qui les commandent.

Il y auroit sans doute des moyens de tirer

un double avantage de nos fatigues ; c'en seroit
un , par exemple , de faire exécuter par deux
lignes en présence des simulacres de position
d'attaque et de retraite. Ce n'est point de
ces parades , appelées petites guerres , que
j'entends parler ici ; il faut les réserver pour
l'amusement des dames, et avouer que ces
simulacres mensongers sont plus funestes
qu'utiles à la cavalerie. Les manœuvres dont
je parle, seroient des manœuvres de ligne exécutées dans les camps, à établir du 1er septembre au 1er octobre de chaque année. Je
répète avec confiance ce que j'ai déjà dit sur
l'utilité dont ce projet peut être; parce que je
sais que mes idées, à cet égard, sont conformes
à celles de nos meilleurs officiers de cavalerie.

Principes généraux sur la Tactique de la Cavalerie.

Avant de parler des manœuvres, il faut être
d'accord sur les principes généraux dont elles
doivent dériver, parce que ceux-ci, une fois
reconnus, servent de guide au tacticien qui
s'en appuie à son tour, comme d'autant d'axio-
mes ou de théorêmes démontrés pour soutenir
les conséquences de ses manœuvres.

Une ligne de cavalerie ne doit s'éloigner

que le moins possible de son ordre de force
qui est l'ordre de bataille.

Il y a plusieurs ordres de bataille, puisque
l'on appelle ainsi tout ordre d'attaque, et que
cet ordre d'attaque varie suivant l'arme que
l'on a à combattre, et la position dans laquelle
se trouve cette arme dans le moment où l'on
veut l'attaquer.

La cavalerie a trois dispositions générales
d'ordre pour le combat, savoir : l'ordre parallèle déployé, l'ordre par échelon, et l'ordre
en colonne.

Toute manœuvre doit avoir un objet d'utilité
La cavalerie ne doit quitter un ordre de bataille que pour en prendre un autre, ou se
mouvoir avec plus de facilité. L'objet de sa
manœuvre doit donc toujours être de revenir
à un ordre de bataille.

Pour mouvoir une ligne de cavalerie, il faut
la fractionner en plusieurs troupes ; parce
qu'alors chaque troupe devient moins dépen-
dante des autres, et acquiert une plus grande
facilité et une plus grande aisance dans sa
marche : par conséquent dans les ploiemens
et déploiemens, les petites fractions sont les
moyens les plus avantageux.

Tous les terrains ne permettant pas le développement d'un grand front, celui d'une

troupe quelconque doit pouvoir se fractionner jusqu'à son dernier terme, qui est l'individu, afin de pouvoir passer par toutes sortes de défilés.

Les fractions qui forment une colonne doivent être égales, afin de pouvoir se remettre en ligne, indifféremment par un à-droite ou un à-gauche.

Les distances les plus favorables pour la manœuvre d'une colonne, sont celles qui sont égales au front des troupes qui la composent; car alors chaque troupe peut converser librement.

Les distances égales au front, que nous appellerons dorénavant distances de front, doivent être principalement observées dans les manœuvres de retraite; parce qu'alors le mouvement le plus simple pour faire face à l'arrière est un demi-tour à droite, ou un demi-tour à gauche; et, comme on est censé très-près de l'ennemi, il est important de ne pas subdiviser les troupes de la colonne pour la déployer.

Lorsqu'une manœuvre a pour objet de gagner du terrain au lieu de se défendre; lorsque les déploiemens de la colonne doivent se faire en avant, plus on raccourcira les colonnes en diminuant les distances, plus on abrègera la manœuvre.

Les troupes d'une colonne ne doivent jamais se serrer davantage qu'à distance de section, afin de conserver la liberté de se mouvoir sur tous les sens, par des à-droite, des à-gauche et des demi-tours à droite par section.

Une colonne quelconque, ayant distance de section, peut se déployer en avant, en bataille par des diagonales, sans augmenter ses distances.

Une colonne doit pouvoir se former par la droite, le centre ou la gauche, c'est-à-dire, ayant en tête un de ces trois points.

On ne doit jamais partir d'un point ni d'un ordre quelconque qu'avec le dessein formé d'arriver à tel point ou à tel autre ordre. Le développement doit donc toujours être l'objet en vue, la cause primitive qui doit déterminer la formation de telle colonne, plutôt que la formation de telle autre.

Les colonnes qui ont la propriété de se développer sur le plus de lignes différemment données, sont préférables à celles qui ne peuvent se développer que sur une.

La fin d'une manœuvre est toujours plus dangereuse que son commencement ; c'est pourquoi il faut s'occuper principalement dans cet instant d'avoir **de l'ordre** et de la force. Par la même raison, un développement entamé doit être fait promptement.

La force d'une troupe n'étant que la somme totale de la force particulière de tous les individus qui la composent, plus ces individus sont désunis, plus la troupe montre de foiblesse.

Il ne doit jamais y avoir deux moyens différens de faire précisément la même chose.

Une troupe quelconque, mise en mouvement, doit toujours avoir une direction déterminée par deux points.

Lorsque plusieurs troupes marchent ensemble de front ou en colonne, il faut indiquer à l'une d'elles si elles sont en ligne, et aux deux premières si elles sont en colonne, une direction sur laquelle on prendra deux points de vue perpendiculaires, et les autres troupes n'auront d'autre attention que de s'aligner sur celle qui observera la direction.

Chaque commandement doit exprimer la manœuvre à faire d'une manière claire et précise. Il faut choisir des mots sonores et faciles à prononcer.

L'avertissement *garde à vous* doit précéder chaque commandement,

Le commandant de chaque régiment, et après lui le commandant de chaque escadron doit répéter le commandement général.

Le commandement général qui indique la manœuvre, est fait pour les officiers ; c'est à eux à en connoître le mécanisme, et à commander particulièrement à leur troupe le mouvement particulier que chacune doit exécuter.

Il est inutile que le cavalier connoisse la manœuvre ; il est suffisant qu'il sache bien mener son cheval, rester aligné, et faire à droite et à gauche, qui sont les seuls mouvemens par lesquels s'opèrent toutes les manœuvres.

Le commandant particulier de chaque troupe doit absolument la conduire, l'enlever et l'arrêter ; mais toujours par des commandemens, et non par des péroraisons. Il est inutile de crier comme font quelques officiers, que trop de feu emporte : le devoir du soldat est de savoir bien marcher ; s'il ne le sait pas, quand il faut manœuvrer, on ne peut le lui apprendre dans un moment, et les cris, les injures, les mauvais traitemens, loin de l'instruire, augmentent son trouble et son incapacité. Dans ce cas, le devoir de l'officier est de se conduire sagement, c'est-à-dire, aussi lentement qu'il est nécessaire pour qu'il soit toujours en ordre ; un homme propre à commander à la guerre y fait tranquillement usage de tout ce qu'il a. (*Kéralio.*)

Le commandement qui détermine l'allure d'une troupe de cavalerie doit toujours précéder le mot *marche*. Lorsqu'on n'indique pas l'allure, la troupe doit s'ébranler au pas.

La vitesse d'une troupe doit toujours être progressive, c'est-à-dire, qu'autant qu'il est possible, il faut l'ébranler au pas avant de la mettre au trot et au galop : le même principe doit être observé pour l'arrêter.

Lorsqu'une troupe au trot ou au galop est prête à arriver sur son nouvel alignement, l'officier qui la commande doit la mettre au pas deux toises avant de lui commander *halte*; dans le cas toutefois où ce ralentissement ne gêneroit pas les troupes suivantes. C'est pour faciliter les mouvemens particuliers de chacune, que dans les nouveaux alignemens, la première troupe doit toujours être dirigée de manière à pouvoir se porter douze pas en avant, afin de laisser plus d'aisance derrière elle.

Le cavalier ne doit jamais avoir la tête ni à droite ni à gauche; car indépendamment de ce que le tour de tête entraîne nécessairement une épaule en avant, fait effacer l'autre, et dériver par conséquent la direction de la marche hors de la perpendiculaire qu'elle doit suivre, je ne puis admettre un principe qui, évidemment contraire à l'instinct du soldat et à la nature, ne peut avoir lieu à la guerre et devant l'ennemi. (*Essai général de Tactique.*) Le cavalier peut, sans tourner la tête, voir son voisin de droite, lorsqu'il s'aligne à droite, et son voisin de la gauche, lorsqu'il s'aligne à gauche : cela est suffisant. L'ordonnance de 1777 a bien parlé de la tête directe ; mais il semble qu'elle a respecté l'usage d'avoir le cou tordu ; car elle n'indique aucune circonstance dans laquelle on doive faire usage de la position de la tête directe.

Les points de direction et d'alignement, ainsi que les points intermédiaires qui servent au prolongement des lignes, doivent toujours être des points immobiles.

Les adjudans doivent être spécialement chargés de la rectification des alignemens dans les nouvelles données ; pour cela, ils doivent souvent servir eux-mêmes de points intermédiaires, et se placer sur le prolongement des points de vue.

Toutes les fois qu'une troupe arrive sur un nouvel alignement de pied ferme, les sous-officiers des ailes doivent se détacher quatre pas d'avance, afin de s'aligner primitivement eux-mêmes, de manière que la troupe n'ait qu'à venir s'emboîter entre eux.

On doit prendre toutes les précautions nécessaires pour aligner entre eux les officiers et les pivots des troupes; mais cet alignement une fois pris, il faut le laisser subsister tel qu'il est. Les rectifications ne doivent plus avoir lieu qu'entre ces points immobiles qui en sont la base invariable.

Une troupe quelconque ne doit jamais exécuter un mouvement de manœuvre, sans le commandement particulier de son chef; ainsi, lorsqu'on dira qu'une troupe fera à droite, à gauche, etc., il est toujours sous-entendu que le chef de cette troupe lui fera ces commandemens particuliers.

Lorsqu'une troupe sera en marche, et qu'on lui commandera à droite, à gauche, etc., elle exécutera ces mouvemens au même train dans lequel elle est, et elle continuera sa marche; elle s'arrêtera au contraire, après les avoir finis, si elle étoit de pied ferme avant de les commencer.

Tous les changemens de front, les à-droite, les à-gauche, demi-tours à droite, doivent se faire le plus communément par section, comme étant les troupes les plus aisées à mouvoir et les plus susceptibles d'ordre et de célérité.

Lorsque des escadrons déployés ou des colonnes seront en ligne, et que l'on ne désignera pas l'escadron ou la colonne d'alignement, ce sera toujours l'escadron ou la colonne du centre sur lesquels les autres s'aligneront.

Des Charges.

Formations, exercices, détails, manœuvres, tout a pour objet le choc ou la charge qui est l'action décisive de la cavalerie; on doit tout employer pour la rendre terrible et inévitable.

L'ordre le plus avantageux pour charger doit être relatif à la résistance que l'on peut attendre de la troupe que l'on charge.

La résistance d'un corps d'infanterie est différente de celle d'un corps de cavalerie: cela détermine nécessairement deux ordres particuliers d'attaque. L'ordonnance de 1777 les a très-bien distingués. Nous lui reprocherons cependant de s'être expliqué d'une manière trop laconique, relativement à la charge contre la cavalerie. On lit : « Un escadron aura toujours un avantage réel en attaquant l'ennemi le premier, ou en allant au-devant de celui qui viendroit l'attaquer. Il seroit très-dangereux de suivre ce principe à la lettre; puisqu'il y a beaucoup d'occasions où un officier doit éviter avec art la charge que son ennemi auroit intérêt de lui faire recevoir. C'est à l'officier à connoître les rapports des deux forces qu'il doit mettre aux prises, et à profiter de l'instant où la sienne **peut** avoir quelque avantage.

L'officier qui manœuvre contre de la cavalerie doit être occupé de deux objets, savoir, de se défendre et d'attaquer; car il n'est pas sans exemple qu'un antagoniste adroit ait battu une troupe supérieure à la sienne: c'est pourquoi je regarde la manœuvre de cavalerie à cavalerie comme beaucoup plus savante que celle de cavalerie à infanterie, parce qu'entre ces deux armes différentes, la cavalerie n'est jamais qu'offensive. La célérité de celle-ci et la lenteur de celle-là fait que la première est toujours en mesure de frapper, et que d'elle seule dépend le moment de l'attaque; elle est donc inexcusable, si elle n'assure pas ses succès en choisissant le moment qui lui est le plus avantageux.

L'ordre et l'ensemble d'une troupe de cavalerie unissent les efforts des individus qui la composent, et sa vitesse les multiplie. Cette vérité qui est une de celles qui n'ont plus besoin de preuves, nous impose la loi de l'instruction, et elle ne sauroit être trop parfaite

pour obtenir tout ce que l'on peut attendre
d'une troupe allant à la charge.

Pour les dispositions d'attaque, on emploie
l'ordre parallèle déployé, l'ordre oblique par
échelon et les colonnes. Ces deux premiers
ordres sont préférables contre la cavalerie;
parce qu'il est essentiel de ne pas laisser en-
velopper ses ailes, mais au contraire de chercher à s'étendre pour dépasser celles de l'ennemi.

Il est très-avantageux de surprendre l'ennemi
par une charge impétueuse et inopinée; pour
cela, il faut être assez sûr de la dextérité de
ses escadrons pour ne se déployer entièrement qu'à cent ou cent cinquante pas de lui:
ce n'est qu'à cette distance au moins que la
cavalerie doit prendre son plus grand train,
et se mettre en devoir de charger.

Je ne m'arrêterai pas autrement sur les détails de la charge contre la cavalerie; parce
que, s'il est question d'une ligne, les précautions à prendre pour la poursuite, pour le
ralliement ou pour les réserves, sont du ressort du général; il emploie ordinairement à
cet effet des corps qui ont leurs ordres particuliers. S'il est question de quelques corps de
cavalerie, détachés en avant-garde, la disposition primitive doit être celle d'un soutien

mutuel. On pourra aussi dans toutes les charges tirer un grand parti de l'excédant des escadrons, en les employant comme flanqueurs.

Si la cavalerie a affaire à de l'infanterie, comme elle a du feu à craindre, elle doit prendre carrière de deux cents toises, afin de se mettre au plus grand train à cent toises de l'ennemi. Par ce moyen, la cavalerie n'a qu'une seule décharge à craindre, en supposant que l'infanterie soit assez bonne pour tenir ferme, conserver son feu, et ne le donner qu'à bonne portée.

L'infanterie doit-elle craindre la cavalerie en plaine, peut-elle lui résister ? Cette question qui agite encore quelquefois le militaire, est aussi inutile que difficile à résoudre, puisqu'il se trouvera toujours des exemples faits pour donner à chaque arme la confiance de la supériorité de sa force ; confiance qu'il ne faut pas détruire, mais qu'il faut au contraire augmenter par la recherche de tous les moyens qui peuvent raisonnablement l'inspirer.

Les succès d'une arme contre l'autre sont presque toujours déterminés par la supériorité des hommes qui la composent : de l'excellente cavalerie battra de l'infanterie médiocre, et réciproquement, de l'excellente infanterie ne se laissera point entamer par une médiocre cavalerie.

D'après les précautions que prend l'infanterie pour se mettre en état de défense, la cavalerie doit combiner ses moyens d'attaque. Cette première emploie son feu pour porter de loin le désordre dans nos escadrons, et elle se renferme sous le double rempart de ses baïonnettes pour résister à notre impétuosité. C'est dans cette position réellement formidable qu'elle prétend attendre la cavalerie sans la craindre. Attaquer de l'infanterie ainsi disposée, c'est, je l'avoue, choisir le moment de sa plus grande résistance, et hasarder ses succès (1). Mais l'officier de cavalerie n'est pas toujours maître de choisir l'instant où il doit attaquer, ses opérations particulières tiennent souvent à des vues générales qui les entraînent et assujettissent celui-ci à des ordres qu'il n'a pas le droit d'examiner; son métier est d'exé-

____

(1) Il seroit bien plus avantageux sans doute de choisir l'instant où l'infanterie déployant ses bataillons carrés, se remet en colonne de marche par les mouvemens représentés fig. 3, du titre IX de l'ordonnance d'infanterie de 1776. Cette manœuvre me paroît bien dangereuse à exécuter en présence d'une cavalerie instruite et hardie.

15*

cuter avec intelligence et selon les règles de
l'art.

Supposons donc de l'infanterie dans son
ordre défensif ; supposons aussi la cavalerie
hors de la portée des coups de cette infanterie ;
car c'est toujours dans cet éloignement qu'elle
doit faire ses premières dispositions d'attaque.
La cavalerie se mettra en colonne par pelotons, compagnies, etc., suivant l'étendue du
front qu'elle voudra attaquer, et si ses forces
le lui permettent, elle doit toujours faire ses
dispositions de manière à attaquer deux points
à la fois, choisissant les plus foibles, ceux qui
montreront moins de monde et par conséquent moins de feu à craindre.

Par exemple, si j'avois à charger de l'infanterie disposée selon les principes défensifs de
l'article 4 du titre IX de l'ordonnance de l'infanterie, je chargerois le front, l'arrière ou
les angles du bataillon carré, représenté par
la figure 2, planche 2, de ladite ordonnance ;
parce que dans cet ordre, les compagnies de
grenadiers et de chasseurs se trouvent sur
deux rangs au lieu de trois, et ne fournissent
que 66 coups de fusil, au lieu de 100 que donneroit un autre front de pareille étendue.
Ces petites différences saisies par un coup-
d'œil rapide, peuvent devenir décisives et ne
doivent pas être négligées.

Quoique l'ordre soit donné et les dispositions faites pour attaquer deux points à la fois,
il faut que les deux colonnes n'en forment
d'abord qu'une seule, afin de réunir toute
l'attention de l'ennemi sur le point menacé
par la direction générale. La colonne marchera ainsi à distance de front, jusqu'à ce
qu'elle soit à 250 pas de l'ennemi, qui est la
portée où son feu commence à avoir de l'effet.
Si l'ennemi s'est dégarni avant, on peut dire
que c'est en pure perte et à son désavantage ;
s'il ne commence à en faire usage qu'à cet éloignement, la cavalerie n'aura qu'une décharge
à essuyer, n'importe de quelle manière elle
sera faite (1).

Les 250 pas qui restent à parcourir pour

____

(1) Ces proportions sont prises d'après l'estimation que
M. de Guibert a faite lui-même sur la portée de nos fusils,
il s'exprime ainsi : « Quoique la portée horizontale du
» fusil puisse être estimée jusqu'à 180 toises, ce n'est
» guère qu'à 80 que le feu de l'infanterie commence à
» avoir un grand effet. » Ce seroit donc 240 pas de véritable danger, j'en suppose 250 ; or, de la cavalerie bien
exercée doit parcourir cet espace en 15 secondes ; mais
le soldat qui charge et ajuste bien, ne peut tirer que trois
ou quatre coups par minute, la cavalerie n'aura donc
jamais qu'une décharge à essuyer.

arriver sur l'ennemi, doivent être franchis dans le moins de temps possible, et par conséquent dans l'allure la plus vive et au train de galop le plus décidé. Les troupes avant de prendre ce train, auront augmenté leurs distances, de manière qu'il y ait environ 50 pas entre elles. Celle qui sera destinée à former la tête de la seconde colonne, arrivée au point d'où sera parti la première, changera subitement sa direction, pour arriver sur le second point d'attaque avec la même impétuosité que la première colonne est arrivée sur l'autre : les succès de celle-ci seront d'autant plus complets, que son attaque aura été plus long-temps imprévue et couverte, et qu'elle se fera sur des troupes déjà ébranlées.

Si la première troupe de la première colonne qui ne doit mettre que quinze secondes au plus pour franchir les 250 pas qui la séparent de l'ennemi, reçoit une décharge assez assurée pour la mettre en désordre, elle déblayera de la direction par un à-droite et à-gauche, pour aller se rallier à couvert du feu. Je ne puis m'empêcher de remarquer ici quelle justesse de tirer et quelle fermeté il faut supposer dans l'infanterie, pour la garantir de cette première attaque; car, si la cavalerie n'est pas détruite cinquante pas avant de toucher à son but, c'est-à-dire dans les cent premiers pas qu'elle parcourra sur la ligne de danger, tout le feu qu'elle pourra recevoir, passé cette distance, ne suffira pas pour l'arrêter; le cheval blessé mortellement, n'en ira pas moins tomber dans le bataillon qu'il mettra en désordre. Que sera-ce si les charges se succèdent par des troupes qui n'auront plus de feu à craindre? Car de l'infanterie ainsi pressée n'a d'autre mouvement à faire que de mettre la baïonnette en avant. L'auteur de l'Essai général, appréciant les dangers que l'infanterie court en plaine, a proposé de faire des retranchemens portatifs avec des cordes goudronnées et à demi-tendues. J'ai entendu blâmer ce moyen, mais je ne l'ai jamais entendu réfuter; quant à moi, j'avoue qu'il me paroît très-bon : cependant l'ordonnance de 1776, qui n'a paru que plusieurs années après le livre de M. de Guibert, n'a pas profité de cette idée. Les rédacteurs de l'ordonnance se seroient-ils abusés au point de croire eux-mêmes avoir tout dit, tout prévu, et tout enseigné en écrivant: *Dans quelque disposition que l'infanterie combatte, soit en colonne, soit en bataille, elle doit être convaincue que la cavalerie n'est redoutable pour elle qu'à l'instant où elle cesse de vouloir lui résister.* Ecrire pareille chose, c'est tromper les hommes ; le croire, c'est se tromper soi-même. Je pense servir mieux l'infanterie en lui montrant des dangers contre lesquels elle ne prendra jamais trop de précautions.

La cavalerie doit être souvent exercée à des simulacres de charge ; ce n'est même que par cet exercice que ses chevaux acquerront ce train redoutable par sa vitesse et son union, qui font qu'un escadron ainsi lancé, perd jusqu'à la possibilité de pouvoir s'arrêter dans sa carrière ; le tenter même seroit méconnoître l'avantage de cette impétuosité. Ce n'est qu'après avoir dépassé l'objet sur lequel on court, que les escadrons doivent être préparés à un arrêt, auquel ils ne doivent arriver qu'en passant graduellement par des allures plus lentes.

Attentions que doivent avoir les Commandans des régimens et des lignes.

D'être toujours placés, par rapport à la troupe que l'on commande, au point le plus favorable pour se faire entendre ; autant qu'il est possible d'être de pied ferme lorsqu'on fait l'énoncé du commandement.

Articuler le commandement avec netteté ;

appuyer sur les syllabes finales, et sur celles qui expriment particulièrement la manœuvre.

Lorsqu'il y a plusieurs commandemens à faire de suite, on doit les séparer assez pour que le premier commandement soit compris et répété par les officiers particuliers, avant de faire le second.

Autant qu'il est possible, ébranler les troupes au pas, avant de les mettre au trot, avant de les mettre au galop; suivre la même gradation pour les arrêter.

Éviter de commander une manœuvre, lorsqu'il se trouve quelque désordre dans la colonne ou dans la ligne.

Un commandant ne doit jamais se mettre en colère, injurier ni battre ceux qui sont sous ses ordres. Il doit avec sang-froid punir le négligent, envoyer l'ignorant à l'école, et recommencer une manœuvre manquée jusqu'à ce qu'elle soit bien faite.

Un commandant froid, sévère et constant dans ses principes, se fait craindre, respecter et aimer.

Le commandant colère et emporté se fait craindre et abhorrer.

Tout homme qui n'est pas maître de lui, n'est pas fait pour commander; parce qu'en s'exposant lui-même, il expose les autres.

Pour exiger toute l'attention d'une troupe, il ne faut pas l'exiger trop long-temps; le corps se fatigue, les organes s'engourdissent, et l'homme tombe en stupeur. Laissez marcher une colonne à son aise, jusqu'au moment où vous prévoyez pouvoir la déployer; habituez le cavalier à rentrer sous le commandement aux mots : *garde à vous*; la manœuvre finie, donnez-lui encore deux minutes d'aisance; ils manœuvreront ainsi tout le jour sans se lasser et sans s'ennuyer.

Pour combattre à pied.

La cavalerie, faite pour être en ligne, ou entrer dans la composition des gros détachemens de l'armée, ne peut jamais être dans le cas de combattre à pied. Il faut laisser à chaque arme l'emploi exclusif que lui assigne sa constitution, son organisation et son instruction; depuis que nos armées sont devenues aussi nombreuses, nos généraux ont suivi et reconnu ce principe. L'infanterie ne fait plus l'exercice du canon, parce que l'artillerie s'en acquitte mieux, et réciproquement, les régimens d'artillerie ne sont point faits pour manœuvrer en ligne, parce que nos régimens d'infanterie sont plus exercés à la pratique des manœuvres qu'ils exécutent d'une manière supérieure à celle de l'artillerie. Mais l'arbitraire qui tient la place des lois sur l'instruction comme sur la discipline, nous fait voir plusieurs colonels de cavalerie, abandonner ou du moins négliger la partie essentielle de leur métier, pour perdre leur temps et fatiguer inutilement les hommes au maniement du mousqueton et à la marche à pied.

Les dragons, destinés à faire ce que nous appelons la petite guerre, peuvent quelquefois, mais très-rarement encore, être dans le cas de combattre à pied. Jamais le général (1) ne peut avoir le projet de les employer ainsi, parce que nos armées sont assez nombreuses en infanterie, qui est la première arme, l'arme supérieure avec le fusil.

Ce n'est donc que quelques circonstances locales qui peuvent obliger les dragons à mettre pied à terre ; c'est, s'ils sont isolés, pour défendre ou forcer un pont (2), un ruisseau,

---

(1) Si cette manière de voir eût toujours été suivie, l'arme nationale des dragons n'eût pas compromis, dans les guerres d'Allemagne, sa vieille réputation, que les dragons d'Espagne ont si bien rétablie et accrue.

(2) Il seroit peut-être bon qu'en semblable occurrence il n'y eût jamais qu'un seul escadron qui mît pied à terre,

un défilé, balayer les haies, etc. Là, il n'est point question de marche, de manœuvre, de conversion ni d'exercice ; il faut seulement tirer et tirer juste, ou charger la baïonnette (1) au bout de la carabine. La cible et le feu de file sont les deux seuls objets sur lesquels il convient de les exercer, et tout autre prétention des régimens à cheval doit se borner à être en état de monter la garde à pied. Les dragons apprendront à mettre pied à terre pour combattre ; mais sur trois, il en restera toujours un à cheval : c'est la seconde manière de l'ordonnance de 1777, et je crois qu'elle doit être la seule, parce que avec tout autre on ne peut conduire les chevaux démontés, et que par conséquent on risque de les perdre.

comme dans un escadron un seul peloton est ordinairement envoyé en tirailleurs, et se trouve soutenu par les trois autres.

(1) Il seroit à désirer que l'on trouvât un moyen de fixer au bout du canon la baïonnette renversée, d'une manière simple et solide, comme elle s'y trouve fixée pour en faire usage : ce seroit un fourreau de moins, qui déplaît beaucoup aux cavaliers. Avis à Messieurs les officiers d'artillerie.

Rapport que les différens exercices du corps ont entre eux.

Bien que j'aie commencé le chapitre de l'Ecole du soldat par les leçons de marche et de maniement des armes, je suis loin de prétendre que ces deux exercices puissent suffire pour ce que l'on appelle vulgairement débourrer un recrue, et encore moins pour former un soldat leste, adroit et vigoureux. Je crois au contraire que tant que l'on se bornera à ces seuls moyens d'instruction, on perdra beaucoup de temps, et que le plus grand nombre des hommes restera gauche et mal placé sous les armes.

On aura beau expliquer au soldat ce que c'est qu'aplomb, aisance et moelleux, on ne peut espérer d'obtenir tout cela, si tous ses muscles ne sont assouplis, et si chacun de ses membres n'a acquis primitivement la liberté que lui permet sa construction et ses attaches.

La plupart des artisans contractent l'habitude que leur métier leur prescrit, et l'on ne redresse point en quelque temps un laboureur ou un tailleur de pierre, que le manche de la charrue ou du marteau a tenu courbé pendant dix ans.

Je dis que la souplesse est une disposition nécessaire à l'instruction du soldat, comme à tous les exercices du corps. L'équitation, l'escrime, la danse, le voltiger, etc. etc., ne diffèrent que par un accord et emploi varié des muscles, tous préparés, si je puis m'exprimer ainsi, de la même manière. Les *Salver*, les *Lubersac*, les *Rousseau*, les *Marcel*, et tous les grands maîtres, développoient long-temps leurs écoliers, avant de régler leurs mouvemens.

Ils ont enseigné, par leur exemple, à tous les maîtres d'exercice du corps qui devoient les suivre, la route qui conduit aux succès. Leurs élèves sont des livres vivans qui nous transmettent aujourd'hui leur méthode; plaignons-nous de ce qu'ils sont en aussi petit nombre; plaignons-nous plutôt encore de ce que le luxe et la mollesse ont retranché les exercices de notre éducation et de nos mœurs. Il n'y a plus que le militaire auquel on pardonne encore de s'en occuper; et dans tout autre état, celui qui s'y appliqueroit paroîtroit méprisable.

J'admire sans doute les productions littéraires de ce siècle d'esprit et de philosophie; mais je regrette infiniment le courage, la force, la santé que ses principes détruisent.

Une plume libre, hardie et éloquente, a fait le tableau de la mollesse dont je me plains ; peignant nos mœurs, elle a fait le parallèle de nos soldats avec ceux des anciennes républiques de la Grèce ; elle nous a montré que les vertus militaires qui disparoissoient chez nous, étoient soutenues chez les Anciens par de sages institutions (1). Si toutes les lois anciennes ne conviennent plus aux citoyens de nos jours, elles conviennent du moins en partie à nos militaires ; car ceux-là devroient être encore aujourd'hui ce qu'ils étoient alors, puisqu'ils sont destinés, comme les soldats anciens, à supporter les travaux excessifs de la guerre, et à résister aux rigueurs des saisons.

Mais revenons à la nécessité d'assouplir primitivement les muscles, avant d'assujettir les corps à une position quelconque ; sans cette souplesse, il ne peut y avoir ni aisance, ni grâce ; car les muscles, que l'habitude aura tenus raccourcis, ne pourront s'allonger tout à coup sans une gêne extrême, et même sans

---

(1) Tous les métiers tranquilles et sédentaires qui, en affaissant et corrompant les corps, énervent sitôt la vigueur de l'âme, étoient interdits aux Carthaginois,

douleur ; c'est ce qui donne à la plupart des recrues ou commençans, dans les exercices du corps, une lassitude qui ne provient que de la force qu'ils sont obligés d'employer pour contenir chaque partie de leur corps dans la position qu'on leur prescrit.

De tous les exercices qui conduisent à la souplesse, je n'en connois point à préférer à l'escrime et à la course ; parce que les muscles sont obligés d'y jouer tous ensemble, et presque toujours dans leur plus grande extension. Je voudrois donc qu'il y eût dans chaque compagnie un maître d'armes pour les recrues, et que deux fois l'an au moins, il y eût des prix pour la course (1).

Je sais bien qu'on attaquera cette idée, puisque plusieurs chefs, sous prétexte de rendre leurs soldats plus paisibles, cherchent à les éloigner de l'exercice des armes. Mais qu'on me permette de le dire, c'est un de ces petits moyens qui tend, comme bien d'autres, à éteindre cet esprit de délicatesse et d'honneur qui doit être le caractère distinctif du militaire

____

(1) Et même pour l'escrime. M. de Bohan voudroit aussi que chaque soldat sût nager : un été suffit pour qu'on le lui apprenne.

français: la discipline a bien assez d'autres précautions à prendre pour empêcher nos soldats de s'égorger.

Ce n'est pas toujours la faute de nos ordonnances, si notre instruction et nos exercices sont mal conduits. Nous avons vu que nos ordonnances prescrivoient l'exercice de la cible, et nous voyons encore dans un règlement de 1773, que les dragons doivent être exercés deux fois la semaine à l'espadon (1). Les règlemens ont-ils eu tort de prescrire ces lois? ou les colonels ont-ils eu tort de les réformer? Voilà la question que je propose de résoudre à ces chefs si despotes envers leurs inférieurs, et si désobéissans envers leurs supérieurs.

Exercice du tirer.

Lorsque les inconséquences portent sur des points essentiels, on ne sauroit trop s'arrêter à les faire connoître. Il est bien étrange que depuis que l'arme de jet est adoptée presque

------

(1) Le roi de Prusse a dit dans son Art de la Guerre :

La valeur sans adresse est tôt ou tard trompée ;
Exercez votre bras à manier l'épée.

exclusivement à l'arme de main, depuis le temps que la tactique (1) reconnoît l'ordre du feu comme l'ordre primitif, on ne se soit pas avisé de chercher les moyens de rendre ce feu plus meurtrier. Nous convenons que les Allemands tirent mieux que nous ; il n'est pourtant résulté de ces comparaisons aucune réflexion, aucune instruction et aucun exercice sur la justesse du tirer ; car on ne peut appeler instruction l'article 8 du titre XIV de l'ordonnance de 1776, dans lequel le rédacteur s'est borné à recommander de faire tirer le soldat contre un but de terre. Mais où sont les principes de ce tirer ? Sera-ce un exercice dirigé par le hasard, et donné une fois l'an qui suffira pour former de bons tireurs ? Notre artillerie auroit-elle acquis la perfection qu'on ne peut lui contester, si elle se fût tenue à une pareille école ?

Sans des principes reconnus, des expériences scrupuleuses et démontrées, comment déterminer la portée de nos armes à feu,

______

(1) Ces premières réflexions regardent plus particulièrement l'infanterie. Mais la perfection du tirer appartient aussi à la cavalerie, tant pour la carabine que pour le pistolet.

et par conséquent les distances où le feu a le plus ou le moins d'effet, et celles où il n'en a point du tout?

Comment déterminer aussi la direction de la ligne de mire, puisqu'elle doit varier avec les différentes distances de l'objet à toucher? Par exemple, n'est-ce pas faute de connoître la théorie du tirer, que l'on recommande généralement, et en toute occasion, aux troupes de viser au milieu du corps de l'ennemi; et même plus bas, on vous donne pour raison de ce principe que *le coup lève*, mot vide de sens, dont on a pourtant fait un axiome qui passe de bouche en bouche, et qui est la seule règle que nous donnions dans nos exercices.

Rien de moins général dans son application que le principe de viser plus bas que le but que l'on veut atteindre; car la ligne de mire qui fera toucher un but élevé à quatre pieds de l'horizon, si l'on est éloigné de cent toises, feroit passer deux pieds au-dessus de ce même but, si l'on n'étoit éloigné que de soixante toises. La ligne de mire doit donc toujours varier avec l'éloignement du but que l'on veut frapper.

Je ne prétends point entamer des calculs sur l'élévation que prend la ligne du tirer au-dessus du point vers lequel on vise, eu égard

16*

au plus ou moins d'éloignement de ce but; encore moins entrer dans les calculs des masses et vitesses. Je n'ai moi-même sur ces objets que des connoissances très - superficielles. C'est aux officiers d'artillerie à nous donner des principes qui tiennent aussi immédiatement à leur art. Mais je dois au moins faire remarquer aux officiers de tous les corps et de toutes les armes, combien les premières notions mathématiques leur sont nécessaires, pour entendre les moindres détails du métier de la guerre. C'est à eux cependant à posséder parfaitement toute la théorie des exercices, afin d'instruire toujours leurs soldats par les moyens les plus simples et les plus prompts.

Peut-être avons-nous besoin encore d'une certaine quantité d'expériences, pour asseoir une théorie certaine sur le tirer : il est à souhaiter que le corps royal de l'artillerie s'en occupe; que l'on prenne pour ces essais des fusils, des carabines, des pistolets de munition, et qu'on appelle à ces écoles (1) des officiers de tous les corps. Enfin, il est nécessaire d'exercer nos soldats à toucher à des

---

(1) Ou plutôt qu'on en transmette le résultat à tous les corps.

buts placés à de grandes distances, et d'obtenir des grenadiers et chasseurs, et de la cavalerie légère, toute l'adresse que peut produire la théorie la plus sûre et la pratique la plus constante.

On ne trouvera point mes réflexions sur le tirer trop minutieuses et inutiles, si l'on réfléchit aux avantages que l'on pourroit obtenir des compagnies de chasseurs dispersées et envoyées pour inquiéter des batteries ennemies, dont le feu ne peut guère être à craindre pour elles. Plus les batteries ennemies sont dangereuses, plus on doit chercher à en diminuer l'effet.

Des tirailleurs adroits, envoyés sur leurs flancs, occasionneront certainement des désordres qui en ralentiront le feu.

Des Conversions.

On fera d'abord converser chaque peloton en particulier, afin d'expliquer à chaque cavalier ce qu'il y a à faire pour exécuter ce mouvement avec précision, relativement à la place qu'il occupe. Un peloton étant de pied ferme et bien aligné, on lui commandera, je suppose, demi-tour à droite : le cavalier de la droite doit servir de pivot, c'est-à-dire, tourner sur lui-même comme la pointe d'un compas, qui reste au centre du cercle, tandis que l'autre opère la révolution désirée. Dans l'infanterie, le pivot est réellement un point, c'est le talon gauche du soldat, qui ne quitte pas sa place avant que la conversion soit finie, et cela donne une grande sûreté à l'exactitude géométrique des mouvemens circulaires : c'est pourquoi les emboîtemens et les déboîtemens sont toujours sûrs et faciles. Dans la cavalerie, il n'en est pas de même, et il est bien essentiel de s'arrêter sur ces différences dans les principes; car de la régularité des conversions dépendent l'exactitude et la facilité des manœuvres. Le pivot, au lieu d'être un point, est une ligne d'environ neuf pieds de longueur, et il est beaucoup plus difficile de contenir le point de cette ligne, qui doit rester immobile.

Jusqu'à présent, on n'a pas déterminé avec assez de précision quel devoit être ce point; et sur toutes les figures dessinées sur le papier, chaque cheval étant ordinairement représenté par un parallélogramme, si l'on veut déterminer la ligne circulaire d'une conversion à droite, on place une pointe du compas sur le sommet de l'angle qui représente l'épaule droite du cheval pivot, et l'autre pointe du compas sur le sommet de l'angle qui repré-

sente l'épaule gauche du cheval de l'aile opposée : opération très-fausse, car si l'on veut
comparer la figure réelle des chevaux avec
ces figures représentatives, on verra que les
pointes du compas sont évidemment placées
en dehors du rang, c'est-à-dire, à dix-huit
pouces environ à droite et à gauche de la tête
des chevaux supposés pivots ou aile marchante. N'ayant point apporté assez d'attention
à ce principe essentiel, on a dit que les épaules
du cheval pivot devoient rester en place; voilà
la fausse conséquence : ce ne sont point les
épaules des chevaux qui déterminent l'alignement d'une troupe de cavalerie, c'est le corps
des cavaliers.

Le corps de chaque cavalier étant vertical
sur le point milieu ou le centre de gravité de
chaque cheval, c'est sur ces deux points que
doivent se poser les deux pointes du compas,
parce qu'ils sont réellement les deux extrémités du rayon auquel il s'agit de faire décrire
un arc de cercle.

Dans le demi-tour à droite, le cavalier de
droite étant pivot, doit tourner son cheval de
manière que son centre de gravité soit l'axe
de la révolution, c'est-à-dire, que les épaules
doivent se mouvoir circulairement à droite,
et les hanches circulairement à gauche; ce

que le cavalier opèrera en portant légèrement la main gauche à droite, pour déterminer les épaules, et en fermant la jambe droite pour jeter les hanches à gauche. Ce mouvement du cavalier pivot doit être très-lent, afin qu'il ne se trouve fini que lorsque le cavalier de l'aile marchante aura achevé de décrire l'arc de cercle qui lui sera prescrit. On conçoit que la conversion d'un rang est composée d'autant de cercles concentriques ou parallèles qu'il y a de cavaliers dans ce rang, et que tous les cavaliers devant toujours se trouver alignés sur le rayon, ils sont obligés de marcher ensemble dans des allures d'autant plus ralenties qu'ils se trouvent plus près du pivot. Le cavalier de l'aile marchante doit avoir une allure franche et décidée; le second, ayant un cercle moindre à décrire, doit avoir un train moindre que le premier ; le troisième, par la même raison, un train moindre que le second; le quatrième, un train moindre que le troisième, etc.; progression qui doit être exactement observée jusqu'au pivot.

Puisque tous les cavaliers règlent leur allure d'après celle de celui qui est à l'aile marchante; ils doivent regarder à gauche lorsque la conversion est à droite, et à droite lorsque l'on converse à gauche. Il arrive souvent que l'aile marchante s'ouvre ou se resserre trop sur l'aile qui soutient, cela a donné lieu à un faux principe que j'ai souvent entendu donner par des officiers de cavalerie, qui prétendent que l'aile marchante doit commencer à se mouvoir perpendiculairement, et ne se resserrer sur le pivot que quand elle aura fait environ le tiers de son mouvement : c'est une erreur ; chaque cavalier n'a qu'une ligne circulaire à décrire, et il ne peut prendre la tangente de son cercle, sans s'ouvrir ou s'éloigner plus ou moins du pivot. La seule règle invariable à observer est d'habituer le cavalier à sentir continuellement le genou de son camarade du côté du pivot, c'est-à-dire, du cavalier de droite lorsqu'on fait un à-droite, et du cavalier de gauche lorsqu'on fait un à-gauche. Lorsque par l'habitude on aura acquis l'égalité de cet attouchement, les marches directes et circulaires ne s'ouvriront ni ne se serreront trop. Il faut remarquer ici que dans tous les cas le cavalier ne peut conserver cet attouchement que d'un seul côté.

Quant à la conservation de l'alignement du rayon dans les mouvemens circulaires, il faut employer les principes généraux, c'est-à-dire, prendre un nombre de cavaliers du côté de l'aile marchante, et se servir de cette base comme de deux points régulateurs pour toujours viser le pivot. C'est donc à l'aile marchante que l'instructeur doit se placer pour juger avec sûreté les défauts de l'alignement pendant tout le temps de l'évolution; car du côté du pivot, il seroit sans base et viseroit au hasard, feroit même faire des fautes comme cela arrive aux officiers qui ne connoissent point à fond la théorie des points de vue.

Le mouvement du second rang est plus compliqué; parce que les cavaliers qui se trouvent le plus près du pivot ont un plus grand espace à parcourir que leurs chefs de file; et pour prendre la direction de la ligne circulaire qu'ils doivent décrire, ils sont obligés de déterminer par un mouvement beaucoup plus prompt les épaules de leurs chevaux à gauche; pour cela, au mot *marche*, ils doivent porter la main à gauche, et fermer la jambe à droite pour quitter leur chef de file, et arriver, gagnant toujours du terrain en avant, jusqu'au troisième chef de file de leur gauche. Les cavaliers du côté de l'aile marchante ne doivent point craindre non plus de dépasser leurs chefs de file à gauche; mais ils ne doivent les quitter qu'autant que la pression et l'attouchement de leur camarade de droite l'indique, et à mesure que la conversion s'a-

chève; pour conserver le même attouchement,
ils reviennent nécessairement à leur chef de
file : il est très-essentiel que ce mouvement
du second rang soit bien exécuté; car c'est de
là que dépend la justesse des emboîtemens,
justesse plus nécessaire dans ma manière de
voir sur les manœuvres que dans tout autre,
puisque les mouvemens par peloton sont les
seuls moyens généraux de ploiemens et de
déploiemens.

Temps employé aux Exercices.

Nos ordonnances ont toujours montré la
sage intention de déterminer le temps qui
doit être employé à l'instruction et aux exercices; mais nos lois, jamais assez précises
dans leurs expressions, sont devenues absolument inutiles; elles ont toujours été éludées
plus ou moins par les chefs et les commandans.

Les défenses même les plus expresses, passent pour de simples formules, et les conséquences des abus disparoissent toujours devant le prétexte de perfectionner l'instruction.

J'ai dit combien cette instruction étoit fausse
et minutieuse; lorsqu'on en sera bien convaincu, et qu'on l'aura réduite à ses vrais

principes, on verra que six mois suffiront pour instruire le soldat le plus maladroit de tous les détails préparatoires aux manœuvres, et que l'exactitude de ces manœuvres dépend principalement de l'instruction particulière de messieurs les officiers. Le grand moyen de forcer ceux-ci à s'instruire, c'est de les mettre en évidence, en rassemblant toutes les années des camps, comme je l'ai proposé dans ma première partie. Là, sous les yeux des officiers généraux et inspecteurs, dont ils seront nécessairement connus, chacun obtiendra par les lois de notre discipline, les récompenses et l'avancement dus à son zèle et à ses talens. Comme il n'y auroit que la moitié de l'armée qui camperoit chaque année, celle-là s'occuperoit des exercices préparatoires à son assemblée, et l'autre seroit employée aux travaux. Sans qu'il fût question d'autre exercice que celui qui seroit nécessaire à quelques gardes, qui se monteroient toujours pour maintenir l'ordre et la discipline militaire.

Il est aussi dangereux pour le bien du service de forcer l'instruction que de la négliger, et des exemples continuels nous montrent des chefs qui tombent alternativement dans l'un ou l'autre de ces inconvéniens. L'instruction deviendra bientôt suffisante, si on la rend simple, uniforme et soutenue; les exercices n'inspireront jamais le dégoût du métier, si l'on n'abuse de la bonne volonté, de l'attention et des forces de l'officier et du soldat; et surtout si l'on fait faire diversion à cette monotonie si contraire à l'esprit de la nation française.

Travail d'été.

C'est au mois d'août seulement que les plaines sont découvertes, et que l'on peut manœuvrer en grand. Point de prairie, point de bruyère, ni de terrain circonscrit pour y piétiner et tourner sans cesse et sans objet; il est déjà assez fâcheux d'être réduit à ce genre pendant huit mois de l'année; les trois qui nous restent doivent être mieux employés: ce sera à faire des marches militaires tout à travers le pays, en profitant de la variété des terrains pour exécuter les manœuvres relatives aux circonstances et aux suppositions que l'on peut faire sur l'apparition de l'ennemi. Cette manière formera le coup-d'œil des officiers supérieurs, et donnera aux officiers particuliers l'intelligence de leur arme; enfin, aux cavaliers la confiance de ce qu'ils peuvent entreprendre et faire avec leurs chevaux, qui deviendront eux - mêmes plus adroits, plus sûrs, plus vigoureux, en traversant toutes sortes de terrains, et franchissant toutes sortes d'obstacles.

La durée ordinaire de ces exercices doit être de trois heures, quelquefois cependant ils en dureront six; mais dans la semaine où cela arrivera une fois, on ne manœuvrera que deux jours. Il est fâcheux d'être obligé de croire à la nécessité de ces calculs, pour ménager et conserver nos chevaux; l'expérience prouve cependant qu'on ne pourra raisonnablement s'en écarter, du moins tant que nous aurons des remontes aussi foibles, et que nous tiendrons surtout au funeste préjugé de ne nous servir que de chevaux châtrés pour le métier de la guerre.

Pendant le travail d'hiver, on exercera une fois la semaine le cavalier au tir du pistolet, et pour cela le jour où l'on montera à cheval; on terminera la leçon en défilant deux fois devant un blanc placé à dix ou quinze pas du flanc droit de la colonne.

Morceaux extraits du premier volume.

RÉFLEXIONS GÉNÉRALES.

La vaste science qu'on appelle *art de la guerre*, se divise évidemment en deux parties: l'une élémentaire et bornée, soumise aux lois de la raison et aux calculs mathématiques ; l'autre immense et sublime, connoissant peu de règles que l'expérience seule doit enseigner, et que le génie seul peut apprendre (1). J'en appelle aux meilleurs ouvrages qui ont traité cette dernière partie.

Feuquière, sentant la difficulté de donner des lois générales et instructives sur la guerre, se sert d'exemples, rapproche les circonstances, disserte et conclut. C'est ainsi que Frédéric instruit ses généraux ; il les frappe de l'exemple de ses propres fautes, et leur montre les moyens meilleurs, par lesquels il auroit pu les éviter. Voilà la manière des grands maîtres. Puiségur, par une supposition ingé-

____

(1) Depuis l'époque où écrivoit M. de Bohan, le général Jomini a posé, dans le *Traité des Grandes Opérations Militaires*, dont la troisième édition vient de paroître en 3 vol. et un atlas, les principes de l'art de la guerre ; principes basés sur l'expérience, et appuyés d'exemples pris dans les guerres du Grand Frédéric.

nieuse, offre une méthode qui, en se rapprochant de celles que je viens d'indiquer, peut
exercer l'esprit de celui qui se sentant le ger-
me du talent, cherche tous les moyens de
s'instruire (1). Un lecteur pourvu de connoissances antérieures peut encore trouver des
leçons utiles dans divers élémens de tactique;
ils ont presque tous appuyé leur théorie par
l'exemple, et par la résolution de quelques
problêmes de stratégie. Mais avant de se
livrer à l'étude de cette science qui est pro-
prement celle des généraux, à combien d'autres connoissances un officier n'est - il pas
obligé de s'initier? Destiné à obéir avant de
commander, il doit s'instruire de tous les devoirs subalternes, et ils paroissent immenses
à celui qui les veut bien remplir. Exécuter
une mission avec intelligence, rendre un
compte exact, conduire des hommes, savoir
en tirer tout le parti qu'on peut en attendre,
par conséquent les instruire, les former pour
la guerre, en faire d'excellens soldats, perfectionner enfin l'instrument dont le général doit
se servir; voilà les devoirs de tout officier.......
Que nos Français-Prussiens qui se plaignent
que nos troupes ne sont point assez discipli-

____

(1) Le maréchal de Puiségur a supposé deux armées
manœuvrant l'une contre l'autre, entre la Seine et la Loire.

nées, apprennent à les commander, et ils les trouveront obéissantes. L'art maîtrise tout, il enchaîne les élémens, il pourra bien mettre un frein à cette ardeur guerrière; mais pour la contenir il ne l'éteindra pas. La discipline qui ne sait qu'opprimer est une discipline nuisible, parce qu'elle énerve l'âme, étouffe le génie, et dégrade l'homme. J'oserai dire, par exemple, que la crainte des peines n'est pas toujours un frein capable de retenir l'homme; le Français surtout met quelquefois une grandeur d'âme à les mépriser (1). Quand la force de la loi ne peut éteindre le préjugé qui conduit au crime, toute l'attention du législateur doit se porter sur les moyens de le prévenir. Que de sang la France n'eût-elle pas épargné si, au lieu de la peine de mort prononcée contre les déserteurs, on se fût occupé plutôt d'alléger les chaînes du soldat, et d'a-

____

(1) Dans des milliers d'exemples qui offrent la preuve de ce que j'avance, je citerai cette réponse fière que fit un soldat duelliste à un de nos rois qui lui reprochoit d'avoir enfreint ses ordres : « Eh ! comment m'y serois-je » soumis, lui dit-il, tu ne punis que de mort ceux qui » violent ta loi, et tu punis d'infamie ceux qui obéissent ? » apprends que je crains moins la mort que l'infamie. »

17

méliorer son sort ; mais au lieu de chercher dans nos institutions vicieuses la première cause des maux dont nous ne cessons de nous plaindre, nous aimons mieux accuser le caractère national, et répéter, par habitude, ce que nous avons entendu dire sans réflexion : *que le Français inconstant ne peut être fixé que par la force et par la crainte.* Ce faux raisonnement produit de terribles conséquences ; il favorise la dureté, le despotisme et la paresse des chefs qui n'ont ni la volonté ni le temps d'étudier l'immensité de leurs devoirs. Si le Français est léger, c'est qu'il est plus sensible qu'un autre ; de grands hommes tirèrent autrefois un grand parti de cette délicatesse (1) ; imitons-les d'abord, et après obtenons de plus, si nous le pouvons, une instruction plus perfectionnée que celle de nos anciens, et devenue aujourd'hui plus nécessaire.

---

(1) Osons employer quelquefois ceux dont le vainqueur de *Mahon* donna l'exemple, la veille de cet assaut à jamais mémorable. On sait qu'à Mahon le vin étoit à si bon marché, et la chaleur si excessive, que les punitions les plus sévères n'empêchoient pas les soldats de s'enivrer. On se plaint au maréchal de Richelieu ; le même jour il fait dire à l'ordre, *que tout soldat trouvé pris de vin, sera privé de monter à l'assaut.* Il n'y eut pas un soldat ivre dans toute l'armée.

Du chapitre sur la Constitution de l'Armée.

DE LA CAVALERIE.

Je n'ai rien à dire sur l'artillerie; parce que sa constitution m'a paru si parfaite et si susceptible de fournir au service des armées, qu'on ne peut prévoir des circonstances qui forceroient à la changer.

Il est nécessaire d'avoir pour la guerre deux espèces de cavalerie : l'une forte et élevée, combattant toujours en escadron ; l'autre moins grande et plus légère, destinée aux découvertes, aux courses, aux coups de main : celle-là doit combattre quelquefois divisée.

La force des régimens, c'est-à-dire, le nombre des escadrons dont ils sont composés, seroit assez indifférente : mais il n'en est pas de même de la force de l'escadron ; un escadron est souvent dans le cas de servir et de combattre seul, son action dans une ligne même est souvent indépendante ; il faut qu'il puisse se suffire, si je puis m'exprimer ainsi, lorsqu'il n'aura affaire qu'à un escadron ennemi (1).

____

(1) L'escadron de 132 chevaux sur le pied de guerre, et

17*

Deux officiers de chaque grade (1), dans une compagnie, sont un double emploi contraire au bien du service, parce qu'en divisant l'intérêt il le diminue nécessairement. Il est dans l'homme de surveiller avec plus d'exactitude la discipline, lorsqu'il en répond (2) person-

---

de 120 sur le pied de paix, non compris huit officiers, me semble suffisant pour avoir toujours à cheval au moins l'escadron de manœuvre. J'y mets la condition que les remplacemens d'hommes et de chevaux aient exactement lieu chaque automne ; mais je voudrois six escadrons par régiment de ligne, comme on les a donnés à la garde. D'ailleurs, si l'expérience démontre que 140 chevaux ne puissent donner cent hommes à cheval, rien n'est plus facile que d'augmenter l'effectif, mais je doute qu'il faille l'augmenter beaucoup dans un bon régiment.

(1) Aussi un second capitaine dans l'escadron devenu compagnie, ou dans la compagnie devenue escadron, me paroît complétement inutile. Un capitaine, commandant l'escadron, un seul lieutenant en serre-file remplaçant le capitaine en second, et exempt de semaines, et quatre sous-lieutenans commandant les quatre pelotons ; en voilà autant qu'il en faut pour un escadron. Il seroit peut-être aussi plus avantageux à la tenue intérieure de l'escadron, que le fourrier fût le premier des maréchaux-des-logis, au lieu d'être le premier des brigadiers ; il pourroit alors les commander, et remplacer le maréchal-des-logis chef absent.

(2) Le chef de peloton, commandant ses 32 hommes,

nellement, que s'il partage les mêmes soins avec plusieurs autres.

CORPS DU GÉNIE.

Qu'on me permette quelques idées sur le corps du génie-militaire, destiné au service des armées ; il est, en temps de paix, dans une inaction qui lui est préjudiciable. La pratique étant dans tous les métiers le plus grand moyen d'instruction, il ne devroit rester dans les places que les ingénieurs absolument nécessaires aux travaux des fortifications ; et il devroit y avoir un officier de ce corps attaché à chaque régiment d'infanterie : ils y donneroient des connoissances de mathématique pratique, par des exercices tels que des constructions de redoute, de retranchemens, des ouvertures de tranchée ; cela vaudroit bien mieux que la monotonie du maniement des armes.

---

dont il est responsable envers son capitaine, les surveille certainement avec plus d'exactitude et d'amour-propre que s'il n'avoit, comme autrefois, qu'une responsabilité générale, départie plus spécialement à l'officier de semaine.

Pour donner à ce corps une activité continuelle doublement utile à l'état, il faudroit
qu'il fût chargé de tous les travaux qu'on abandonne aux ingénieurs dits des ponts et chaussées, ou pour mieux dire, il faudroit réunir
ces deux corps pour n'en former qu'un seul.
Alors on emploieroit sans difficulté les troupes
à la construction des chaussées, à l'ouverture
des canaux, et à tous les ouvrages qui servent
à augmenter les richesses et les forces de l'état.
Les corvées seroient supprimées, les bras de
nos soldats se fortifieroient, et les caisses in-
suffisantes aujourd'hui pour entreprendre
tant de travaux utiles, se trouveroient faire
des économies par la modique augmentation
de paie qu'il suffit de donner au soldat pour
accroître considérablement son bien-être et
son aisance.

Le corps du génie seroit donc beaucoup
plus nombreux. Les talens seuls, et non la
naissance, ouvriroient la porte, et disposeroient
des grades et des honneurs; mais la réunion
que je propose, trouvera des difficultés insur-
montables; elle blesseroit des intérêts particuliers et puissans, qui l'emporteront sans doute
sur le bien général qu'elle produiroit (1).

____

(1) Dans tout ce chapitre on ne peut qu'applaudir à la

Des Recrues et de leur choix.

C'est au choix scrupuleux de nos soldats, dit Végèce, que nous dûmes nos conquêtes et

---

saine manière de voir de M. de Bohan, dont une partie des idées a été adoptée ; il seroit à désirer que l'autre le fût également.

Il n'est peut-être pas hors de propos de dire ici quelques mots du corps royal d'état-major. Je n'ai point encore d'opinion bien fixée sur le bon ou le mauvais de cette nouvelle institution. Je me bornerai donc à emprunter quelques passages à un ouvrage d'un colonel de l'ancien état-major, dont il est sorti tant d'excellens officiers supérieurs et généraux, bien que ce corps en possédât aussi beaucoup de médiocres.

Cet officier supérieur blâme moins la réunion des officiers d'état-major en corps royal d'état-major (réunion avantageuse à certains égards), que l'élimination des membres instruits et méritans de l'ancien corps, et surtout que la création de l'école spéciale d'application, qu'il trouve vicieuse dans son organisation. Voici comment il s'exprime relativement à cette école.

« J'accorde qu'une instruction plus soignée est nécessaire à des officiers d'état-major ; nous vivrons long-temps en paix, la guerre n'improvisera plus d'officiers, il faut que la méthode en forme ; mais celle qu'on adopte est-elle propre à en former ? N'en pouvoit-il pas sortir d'excellens de nos écoles militaires, de l'école polytechnique et de l'école d'application de Metz.

» Si vous tirez vos élèves de l'école polytechnique, ils

la gloire du nom romain. Rappelons la réponse
du sénat à Marcellus, lorsqu'il proposa de re-

---

passeront en activité dans les régimens et non à la suite.
Ils serviront au lieu d'observer ceux qui servent, et l'école
polytechnique leur aura bien donné toute l'instruction désirable.

» Qui peut le plus peut le moins, c'est un axiome. L'é-
cole polytechnique recrute les constructeurs de la marine,
les ingénieurs des ponts et chaussées, le génie militaire et
le corps de l'artillerie.

» L'école d'application de Metz donne le dernier degré
de perfection aux ingénieurs de l'armée de terre et aux
officiers de l'artillerie. Or, s'il est constant, et je crois que
personne n'en doute, que nos meilleurs professeurs sont
attachés à ces écoles, que les officiers du génie et de l'artillerie doivent approfondir des études que les officiers
d'état-major ne doivent qu'effleurer, puisqu'il faut qu'ils
sachent un peu de tout, sans devenir trop forts en rien,
parce qu'alors ils cesseroient d'être ce qu'ils doivent être,
et voudroient devenir ce à quoi on ne les destine pas ;
on doit convenir que les écoles précitées suffisoient pour
l'instruction qu'on se propose de donner aux officiers
d'état-major. Je ne me suis pas trompé en avançant que *les
plus foibles élèves seroient très-aptes* à passer officiers d'état-
major. Je ne ferai pas l'apologie de ces écoles, dont le nom
seul est un éloge ; mais, si celle de l'état-major est supérieure en talens, j'en félicite mon pays.

» On me dira que l'instruction est plus variée, qu'on
y enseigne la géométrie, l'algèbre, la trigonométrie, la
géométrie descriptive, la statique, la géodésie, la topo-

cruter son armée de tous les malheureux qui avoient pris la fuite à la bataille de Cannes :

---

graphie comprenant les levées à la planchette, à la boussole, à vue et de mémoire, la géographie, la statistique, l'art et l'histoire militaires, l'administration militaire, l'artillerie, la fortification de campagne et permanente, la théorie de l'infanterie, de la cavalerie, l'hippiatrique, et les langues allemande, anglaise, italienne et espagnole. Les jours sont-ils de 48 heures à l'école spéciale ? non, ils sont de 96, puisqu'une autre moitié doit être consacrée aux exercices suivans : le dessin au crayon et au lavis, l'escrime, l'équitation, la natation, le maniement du fusil et du sabre, les manœuvres d'infanterie et de cavalerie (où sont les troupes ?), et la construction des ouvrages de campagne (où est le terrain ?). Tout cela n'empêche pas la rédaction de leçons et de mémoires très-détaillés qu'on doit joindre à chacun des levers, etc. etc. etc.

» J'affirme que cette école est une école primaire, comparativement avec l'école polytechnique et l'école d'application. Aux yeux de tous ceux qui ne s'arrêtent pas aux superficies, et qu'un jargon scientifique n'étourdit pas, il restera constant que l'instruction que l'on reçoit à l'école spéciale ne s'étend pas au-delà des premiers élémens des connoissances qu'on vient d'énumérer avec tant d'emphase. Il n'est pas de candidat à l'école polytechnique qui ne soit tenu de faire, pour y entrer, preuve de plus d'instruction que les élèves de l'école spéciale, quand ils en sortent pour passer aides-majors.

» Il étoit donc juste de dire que les élèves de cette école qui n'auroient pas été désignés *au concours* pour le génie

« Rome n'a pas besoin d'hommes lâches pour
la défense de ses drapeaux ; si Marcellus veut

---

ou l'artillerie pourroient entrer à l'état-major. Au lieu
d'insulter le corps royal, c'étoit lui faire honneur.

» Déprécie-t-on l'artillerie et le génie, en disant que ces
deux armes se recrutent des sujets qui n'ont pas été jugés
assez forts pour le génie maritime, les ponts et chaussées,
les poudres et salpêtres, et pour les mines ? Car on est
admis dans les divers services publics, suivant son degré
d'instruction et sa vocation particulière.

» De là on passe à l'école d'application à Metz. Or, à
qui persuadera-t-on qu'un lieutenant en second sortant
de cette école, où les arts graphiques sont enseignés avec
non moins de soin que les parties les plus élevées des
sciences physiques et mathématiques, n'auroit pas été
plus apte à devenir officier d'état-major, que des jeunes
gens à peine initiés aux premiers élémens de la géométrie
descriptive, possédant de l'art des fortifications tout au
plus les mots techniques.....

» La faculté de prendre des aides-de-camp où bon leur
sembloit étant retirée aux généraux par la création du
corps royal, il est possible qu'ils le voient de mauvais œil.
On veut leur faire goûter les avantages de l'innovation. Il
sera assez difficile de leur persuader qu'en gênant leur
libre arbitre, on n'ait cherché qu'à les préserver d'en
mésuser.

» Je ne sais si je suis leur écho, ce qui seroit déjà une
présomption en ma faveur, ou si j'ai le premier développé
leur pensée ; mais j'ai cru qu'il étoit désirable pour le service du Roi, pour les généraux, pour les aides-de-camp

en employer, il le peut; mais à condition qu'ils n'auront aucune part aux récompenses de la

---

eux-mêmes qu'ils fussent demandés et non créés par des généraux, et pris partout où il s'en trouveroit de capables. Ceux de l'artillerie et du génie ont toujours été pris exclusivement dans leur arme, c'étoit dans l'ordre ; ils n'avoient à s'occuper que de ce qui est dans les attributions de ces armes. Les généraux de la ligne prenoient tout naturellement les leurs dans la ligne. Un maréchal-de-camp qui avoit droit à deux, en prenoit un dans l'infanterie, un dans la cavalerie ; un lieutenant-général, qui avoit droit à trois, en prenoit un dans l'infanterie, et deux dans la cavalerie, ou un dans la cavalerie, et deux dans l'infanterie. Un général commande une masse, c'est une masse d'infanterie ou de cavalerie, appuyée par de l'artillerie à pied ou à cheval. Si la principale force de la masse consiste en infanterie, elle sera aux ordres d'un général de cette arme, qui aura au moins un aide-de-camp de l'arme. Il enverra de préférence son aide-de-champ sortant de la cavalerie, porter ses ordres à la cavalerie, et suivre ses mouvemens, etc. etc. »

Voilà les citations que m'a fournies la lecture de cette brochure ; je les ai trouvées justes et très-justes, quant à l'école d'application. Je les ai mises après celles de M. de Bohan sur le corps du génie. Peut-être, malgré leur brièveté ne les trouvera-t-on pas déplacées.

En parlant du *concours*, dont le mot a été employé, il est dit plus loin : « Où en seroit le chef du gouvernement, me dira-t-on sérieusement, s'il ne pouvoit disposer d'un emploi, sans faire d'un choix un jugement ? Il seroit dans

valeur, quoi qu'ils puissent faire pour les obtenir. » Jamais il ne se départit de ce principe.
« Le soldat romain, dit Montesquieu, tiré
d'un peuple si fier, si orgueilleux, si sûr de
commander aux autres, ne pouvoit guère
penser à s'avilir jusqu'à cesser d'être Romain. »
Il faut donc partout où l'on veut avoir un
militaire fier, améliorer l'état du soldat. En
élevant l'âme de celui-ci, on l'accoutume à
estimer sa profession, et à se croire ennobli
par elle.

Quelle chimère, va-t-on dire, les revenus
de l'état sont insuffisans pour donner à
l'homme de guerre une solde proportionnée
à ses services. Eh ! Messieurs, c'est cette im-

---

l'heureuse nécessité de rendre justice à chacun : prérogative plus grande et plus belle que celle de pouvoir tout
accorder aux sollicitations, aux importunités ; prérogative presque divine, de pouvoir donner à chacun suivant
ses œuvres ! »

Si j'ai bien réfléchi à l'idée de mettre une partie des
places militaires au concours ? dira t-on : eh ! oui, j'y ai
bien réfléchi ; si elles étoient au concours, la jeunesse et
l'inexpérience, mises en avant par la faveur et par l'intrigue, ne supplanteroient pas aussi souvent le mérite mo-
deste. Si elles étoient au concours, c'est alors que le bâton
de maréchal de France seroit caché au fond de la giberne
du grenadier sans naissance, mais brave et instruit.

possibilité même qui nous oblige à payer en considération ce que nous sommes hors d'état de payer en argent. Eh ! quelle nation se contente plus facilement de cette monnoie que la mienne. Rien de moins douteux que la facilité de recruter les armées ne dépende des institutions militaires plus ou moins faites pour attirer ou éloigner l'homme du métier de la guerre, pour le conserver sous les drapeaux par des engagemens, etc. etc.

Encore une fois, quelle est l'utilité d'un grand homme dans l'infanterie ? Nulle. On en fait des grenadiers ; on en pare son premier rang, qui sont deux choses également vicieuses, parce que les places d'honneur doivent appartenir à la bravoure, aux services et à l'ancienneté. Autrefois les grenadiers avoient le droit de choisir leurs camarades ; eh ! qui nous juge mieux que nos semblables ? Alors il étoit impossible d'être élu, sans cette délicatesse d'honneur et cette bravoure qui caractérisent l'élite de la nation : choix bien essentiel, puisque c'est de ces compagnies rassemblées qu'un général se sert pour ces coups extraordinaires d'audace, de vigueur et de partis. Combien de fois nos généraux (1)

______

(1) J'en appelle à M. le maréchal Oudinot et à ses grenadiers réunis.

n'ont-ils pas éprouvé qu'avec de tels hommes on peut tout entreprendre. Pourquoi donc priver du bonnet de grenadier, ce soldat qui saute le premier dans le chemin couvert?

De l'établissement des Quartiers pour les troupes dans le Royaume.

L'instruction demande dans chaque régiment une école perpétuelle pour former le recrue et le cheval de remonte; il faut donc des magasins continuellement ouverts pour la fabrication des différens effets, des manéges et des hangars pour les différens exercices. Or, il est peu d'usages aussi contraires au bien du service, que celui que nous conservons en France de faire voyager sans cesse les troupes d'un bout du royaume à l'autre, sans autre objet que celui de les changer de garnison et de quartiers. Le transport des magasins et des équipages ne se fait jamais sans des frais considérables. L'officier est accablé par les dépenses que lui occasionnent ces déplacemens, pour lesquels le Roi, loin de lui faire un traitement particulier, le prive des secours nécessaires pour le transport de ses équipages. Partout il est traité comme un étranger, et se trouve, comme tel, réduit aux chères res-

sources de l'auberge. Les étapes augmentent
les dépenses de la guerre. En fixant l'établissement des troupes, il en résulteroit une
grande économie pour le Roi, pour les officiers, pour le soldat. Les villes destinées à
devenir quartiers feroient bientôt construire
des casernes plus saines, plus commodes et
plus favorables à la discipline. On auroit des
hangars, des manéges (1) qui faciliteroient
l'instruction, qu'on ne peut donner dans la
plupart de nos quartiers actuels. Je trouverai
sans doute le plus grand nombre des anciens
officiers contraires à ce principe. Ils réclament
sur cet objet, comme sur tant d'autres, l'antique usage de ces promenades devenues nécessaires à la diversion de leur oisiveté et de
leur ennui. Les uns diront que ces changemens servent à éviter le dégoût que le soldat
français est si sujet à prendre pour une vie

____

(1) Il faut avoir été dans des garnisons privées de manége, même d'une simple carrière découverte dans laquelle on puisse manœuvrer seulement un escadron, pour
sentir toute la justesse de cette observation. La construction d'un manége est cependant peu coûteuse, et je main-
tiens qu'un manége est indispensable pour l'instruction
complète des chevaux et des recrues d'un régiment ; cette
instruction devant avoir lieu pendant l'hiver.

que la discipline rend déjà si uniforme. Les autres diront que le soldat étant sédentaire, formeroit des liaisons trop solides, qui le distrairoient des devoirs de son métier. Mais que l'on réfléchisse sérieusement sur la futilité de ces objections communes, qui passent de bouche en bouche, et que l'on répète machinalement, et l'on en sentira l'absurdité.

Les principales villes de guerre, comme Lille, Metz, Srasbourg, Besançon et encore quelques autres, seroient des garnisons filières où tous les régimens de l'armée passeroient à leur tour. Le service n'y seroit que de six mois; mais, comme ces troupes seroient peu nombreuses, elles feroient le service avec une rigueur et une exactitude que l'on n'observe pas aujourd'hui. La cavalerie passeroit surtout dans ces garnisons pour y apprendre le métier qu'elle doit faire à la guerre.

Voilà un mouvement dans les troupes nécessairement établi; mais les marches seroient courtes, parce que chaque régiment seroit toujours destiné pour la garnison la plus voisine. Il seroit fait un tableau exact et invariable sur cet objet.

Tous les étés, les quartiers seroient rassemblés en différens points pour se former en division, camper et manœuvrer. Voilà encore

des marches; mais elles s'exécuteroient toutes
sans étape. Il seroit fait un nouveau tableau
pour déterminer les journées de troupes en
route; car si l'échelle qui mesure aujourd'hui
nos journées d'étape est assez grande pour
l'infanterie, on ne peut nier qu'elle ne soit
ridiculement trop courte pour la cavalerie,
qui ne fait souvent que quatre ou cinq lieues
et qui séjourne tous les trois ou quatre jours.
En appréciant mieux les forces de cette arme,
en la dépouillant de tout ce qui l'écrase, on
peut lui faire faire huit lieues par jour, lorsqu'on n'est pas pressé, et dix à douze lieues
si la nécessité l'exige.

De la Discipline.

La discipline est au militaire ce que le gouvernement et la législation sont à la monarchie. C'est ce vaste code qui régit tout, par
lequel la machine se meut, et qui peut seul
en assurer l'union, l'harmonie et la force. La
discipline ne peut s'établir que par des lois,
et réciproquement les lois ne peuvent être
maintenues que par l'activité de la discipline,
qui les fait exécuter. Un code exact doit fixer
les devoirs de chaque individu; une autorité
absolue, dans le supérieur, doit assurer l'exé-

cution de l'ordre donné ; et une obéissance aveugle, dans l'inférieur, doit faire que cent mille volontés soient gouvernées par une seule. Telle est, je crois, l'idée et la définition générale que l'on peut donner de la discipline.

Le militaire n'étant qu'une classe d'hommes prise dans la masse de la nation, c'est-à-dire, une partie du grand tout, cette partie ne peut jamais être assez distincte et séparée pour que son esprit et ses préjugés soient différens de l'esprit et des préjugés de la nation dont il fait partie. Il résulte de cette vérité une conséquence bien simple, de laquelle on n'auroit pas dû s'écarter, c'est que les moyens de la discipline militaire ne doivent jamais choquer les mœurs, les usages, les préjugés, le caractère enfin de la nation à laquelle cet état militaire tient intimement.

C'est l'honneur, dit Montesquieu, qui doit être le principe de la monarchie, et, j'ose ajouter, le principe de la discipline militaire : loin de nous donc le système de certains novateurs qui traitent cet honneur de chimère, et veulent méconnoître tout autre sentiment que *la crainte* pour conduire les hommes. Que l'on ouvre les annales des différens peuples, on verra que ceux qui ont donné au monde

le spectacle de la grandeur, de la puissance
et des conquêtes, étoient animés par des causes
plus nobles. Malheur à une troupe française
que l'on conduiroit à l'ennemi par les moyens
de la discipline étrangère, et qui auroit à
combattre des hommes inspirés par l'amour
de la gloire et par l'amour de la patrie!

Les passions peuvent seules produire le
courage, et le degré inégal de leur force est
toujours occasionné par la diversité des gouvernemens. La valeur des Romains étoit exci-
tée par le patriotisme, et soutenue par des récompenses honorables et réelles. Les armées
de cette république ne furent vaincues que
lorsque le gouvernement commença à se cor-
rompre.

On ne cesse de dire que l'esprit et les mœurs
de notre nation sont incompatibles avec cette
exacte discipline, dont nous trouvons l'exemple chez les étrangers. Un pareil raisonnement
est plus facile, sans doute, que la recherche
des moyens capables de nous porter à une
perfection dont nous sommes si éloignés. Je
ne doute pourtant pas qu'ils n'existent ces
moyens; que nous ne les trouvions, et qu'ils
ne nous réussissent lorsque nous le voudrons
sérieusement.

Les récompenses et les punitions, la gloire

et l'infamie sont les soutiens de l'art militaire, et les moyens infaillibles avec lesquels le législateur peut toujours opérer le bien public ; mais ces moyens, c'est-à-dire, la nature des récompenses et des punitions, doivent varier avec l'esprit et les préjugés des différentes nations ; ils étoient différens à Rome et à Sparte, ils doivent différer aussi en France et en Prusse.

La crainte du bâton fait marcher le Prussien, tandis que l'honneur fait marcher le Français à la charge. Mais ces moyens différens doivent avoir une même fin, qui est la rigide observation des lois ; sans elle une armée seroit une troupe de bandits, d'autant plus dangereuse qu'elle seroit plus puissante. Accorder le despotisme et la justice est donc le but, et seroit le chef-d'œuvre de la discipline militaire.

Des Récompenses.

L'espoir et la crainte étant les mobiles naturels de toutes les actions des hommes, il faut lier l'espoir de la *récompense* au zèle, à l'exactitude, à l'action utile, comme l'arrêt inévitable du *châtiment* à la suite de la faute.

Les récompenses militaires doivent être *en grades* et *en honneurs*. Leur distribution est avantageuse à l'état, lorsqu'elle est faite avec justice et discernement ; et elle devient la source de tous les désordres, lorsque c'est la protection, la considération et l'intrigue qui en disposent.

Des Grades.

Accorder les grades à la protection, c'est non-seulement commettre une injustice envers celui qui par son mérite avoit droit d'y prétendre, mais c'est mettre en place un homme dont l'état ne peut attendre que des fautes. Richelieu disoit : « Il faut représenter librement aux rois jusqu'à quel point ils sont responsables devant Dieu, quand ils donnent par pure faveur les emplois et les charges qui ne peuvent être possédés par des esprits médiocres qu'au préjudice des états. »

En donnant à la cavalerie un tour d'ancienneté et un tour de grâce, on rendra à l'officier qui entre au service l'espoir d'avancement qui lui est injustement ravi. Dans la constitution actuelle, ni talent ni mérite ne pourront le sortir des classes inférieures.

Jusqu'au grade de capitaine, l'ancienneté doit être suivie. Tout officier qui se dévoueroit au service, seroit sûr d'y arriver et d'avoir par conséquent un état assuré et honorable.

J'ai dit, et tout le monde en conviendra avec moi, qu'il falloit pour le bien du service que tout officier fût assuré d'arriver au grade de capitaine ; et pour cela il faut établir l'alternative des tours de grâce et d'ancienneté : le conseil (1) de guerre deviendroit le garant de

---

(1) Le conseil de guerre dont il est question, me semble inadmissible ; mais les fonctions qu'on lui assigne se trouvent naturellement départies aux inspecteurs généraux d'armes, dans les attributions desquels le Roi a mis les propositions d'avancement. Ce conseil peut être représenté facilement par la commission d'inspection générale ; elle seule seroit investie du droit de présentation ; le ministre nommeroit sur son rapport. Chaque année, les inspecteurs généraux, dans leurs tournées, pourroient recueillir les documens nécessaires à un travail qui, discuté dans la commission, seroit soumis d'abord au contrôle du ministre, puis à l'approbation du Roi. Voilà pour le tour de grâce, le tour au choix du Roi, comme le veut M. de Bohan.

Dépositaire des tableaux de l'ancienneté, la commission lui conserveroit religieusement son tour, se réservant toutefois le droit d'exclusion pour des motifs graves, et qu'approuveroient tacitement le corps et le grade où l'exclusion auroit eu lieu, l'officier immédiatement le plus ancien devant, dans ce cas, être pourvu du grade dont on auroit frustré l'officier incapable ou indigne ; ce der-

ces deux tableaux. Le tour de grâce arrivant, le conseil présenteroit au Roi trois sujets distingués par leurs talens, etc.

---

nier pourroit de nouveau concourir : deux exclusions seroient une tache imprimée très-rarement.

Si l'on trouvoit la prérogative royale trop restreinte, et l'ancienneté trop bien partagée; il seroit facile, je crois, de tout concilier, par une modification légère à la loi sur l'avancement, du 10 mars 1818. Conserver le premier tour à l'ancienneté, le second au Roi, comme le veut cette loi, et donner le troisième à l'émulation, au plus digne, l'ôtant à l'ancienneté qui avec un seul tour parviendroit au grade de capitaine, état honorable et heureux par l'augmentation d'aisance proposée.

Je veux bien que cette troisième place n'ait pas toujours sa destination, que l'intrigue et la faveur l'obtiennent quelquefois; même jusqu'au sein de la commission, je veux qu'on vienne la mendier; mais alors, ne seroit-il pas du devoir et de la dignité de cette commission de regarder cette place comme aussi sacrée que celle de l'ancienneté, et de ne l'adjuger qu'au plus digne.

Si l'on croit cette commission trop foible, insuffisante, qu'on laisse ce tour au choix du corps, en le rendant indépendant du colonel ; il doit exister des moyens, qu'on les cherche. On les trouveroit peut-être, soit qu'on laissât proposer le candidat par ses pairs, par ses égaux (souvent les meilleurs juges), soit qu'on le fît nommer au scrutin par ses chefs immédiats, avec une parole préalable de donner, selon sa conscience, sa voix au plus digne.

Nomination aux Grades supérieurs.

L'usage d'arriver par ancienneté aux grades de majors et de lieutenans-colonels (ou offi-

---

abstraction faite du caractère du candidat. Je sais, combien cette méthode peut être vicieuse sous certains rapports ; mais il est impossible qu'elle le soit plus que la loi du 10 mars, qui assimile l'officier de mérite, l'officier zélé, jaloux, amoureux de ses devoirs, à l'officier qui a le moins de connoissances, le moins de zèle, le moins d'amour-propre, le plus d'ignorance, et qui ensuite leur montre à tous deux la même fin. Qu'on détermine enfin un mode d'avancement à la place de celui qui existe, et qui ne peut subsister. Dans toutes les carrières, celui qui se distingue obtient un prix de ses travaux, de ses veilles : la carrière des armes seroit-elle en France la plus ingrate ?

Si l'officier qui se sent quelques moyens avoit une perspective, ou au moins quelques chances d'avancement autres que celles auxquelles l'appelle son tour d'ancienneté, alors l'amour-propre, l'émulation éteinte dans tous les corps de l'armée, renaîtroit ; et l'officier favorisé de la nature, auquel ses camarades reconnoîtroient une transcendance, une supériorité marquées, pourroit être porté par eux au grade d'officier supérieur, où jeune encore il seroit à même, en franchissant rapidement les grades subalternes, de déployer, dans la vigueur de l'âge, les talens dont la nature l'auroit doué, qu'elle lui auroit prodigués.

Je voudrois que ces deux tours fussent sacrés, celui

ciers supérieurs), avoit toujours été suivi en
France; et ce fut un beau train dans le mili-

___

de l'ancienneté, celui dû au plus digne : dût ce dernier
revenir moins souvent. Je m'explique : dût-on ne donner
qu'une quatrième, qu'une cinquième place au talent.

La place au choix du Roi subiroit seule, selon son bon
plaisir, ces *permutations* qui bientôt absorberont les dé-
missions, au moyen de *sommes données* pour passer dans
certains corps, où le service, quoique fort honorable,
est désagréable et sans avantage, et d'où celui qui per-
mute, part quelques mois après; la place au choix du
Roi seroit donnée à qui bon lui sembleroit, soit à un
officier de sa garde, soit à un officier de ses gardes, qui
rempliroit certaines conditions déterminées, et qui par
son zèle se seroit distingué dans son corps.

Le tour, au choix du Roi, pourroit être double ; il y
auroit alors quatre tours, jusqu'à l'extinction des officiers en non activité, dont les lumières et l'expérience
peuvent être utiles à l'état par leur rentrée dans les ca-
dres ; pour la hâter, on pourroit créer un sixième escadron, à l'instar du cinquième existant, et déterminer
une époque présumée, après laquelle on fixeroit leur
sort d'une manière définitive, et établie en raison des services qu'ils auroient rendus.

Le tour au choix du Roi subiroit les passages de là
garde dans la ligne, comme de la ligne dans la garde, et
ce quatrième tour seroit conservé, s'il étoit jugé utile
pour ce que l'on appelle ces permutations.

Je ne parlerai pas dans la loi du 10 mars de ce qui
regarde les adjudans-majors, les officiers d'habillement,

taire, lorsqu'un ministre réformateur changea cette méthode, si nuisible à l'intérêt de nos armes; puisque les hommes les plus incapables occupoient souvent des places, où il faut avoir le talent de commander et d'instruire. A entendre les clameurs de nos anciens militaires,

---

les trésoriers et les officiers supérieurs. Il n'y a plus qu'une voix, sur les abus et l'injustice de ne prendre les adjudans-majors que dans la classe des maréchaux-des-logis chef; les majors que parmi ces premiers. C'est ôter aux adjudans-majors tout espoir d'avancement, et leur montrer dans l'éloignement un grade pour lequel, quoique bons officiers d'ailleurs, ils peuvent ne pas être du tout faits. C'est ôter aux maréchaux-des-logis passés officiers, aux élèves des écoles militaires, aux lieutenans, aux sous-lieutenans actuellement au service, tout espoir d'acquérir un grade pour lequel ils peuvent avoir des droits et de l'aptitude.

Je ne dirai rien des deux années exigées pour arriver au grade de sous-officier; de l'interdiction au concours avant vingt années révolues; de l'obtention du brevet de sous-lieutenant, ajournée à la vingt-deuxième année, etc.

Toutes ces questions seront, il faut nous en flatter, agitées de nouveau, et une toute autre solution leur sera donnée.

Est-il pour le mieux qu'on donne deux places à l'ancienneté parmi les officiers supérieurs ? Je n'accuse pas le dernier ministre d'une mesure si déplorable, qu'il n'avoit pas provoquée, et qu'il blâme sans doute.

tout étoit perdu lors de la promulgation de cette loi, qui choisissoit toujours les chefs dans les corps étrangers : ce fut cependant l'époque de la naissance de la discipline et de l'instruction. Quelques voix s'élèvent encore contre cette innovation; elle sera sans doute éternellement décriée par ceux qui, ayant percé dans leur corps, terminent leur carrière premiers capitaines de leur régiment. L'intérêt ou l'amour-propre de ceux-ci ne leur permettra jamais de reconnoître l'avantage d'une loi qui les blesse. Mais, je le demande à tous ceux que leur place ne rend pas récusables sur cette question, si tout homme est sûr d'arriver au commandement sans travail et sans instruction (1), qu'est-ce qui pourra lui donner le goût et l'étude de son métier? je dis plus, qu'est-ce qui fera sortir de la foule (2) celui qui sera né

---

(1) Combien est vraie cette réflexion! et si elle avoit été bien méditée, lors des lois sur l'avancement, combien de fautes eût-elle fait éviter?

(2) Il paroît que nos lois actuelles sur l'avancement n'ont pas prévu un cas semblable. Elles paroissent également avoir ignoré quel parti on peut tirer de l'émulation; en consacrant en principe le dogme fatal de l'ancienneté, elles ont tué l'émulation; elles l'ont étouffée dans le cœur des jeunes officiers, ou plutôt des officiers peu anciens dans chaque grade.

avec ces dispositions et ces talens heureux qui mènent aux grandes choses? Un officier aura cinquante ans (1) avant d'arriver à une place de major (ou d'officier supérieur), ou au grade de lieutenant-colonel : à cette époque il est ordinairement refroidi, et ne songe à profiter de son grade que pour obtenir une meilleure retraite. Mais je lui suppose encore de l'ambition et des talens, voilà le premier instant où il sera à même de les montrer; car le talent de commander et de mener un corps est bien différent de celui d'obéir, et de commander une compagnie. Il faudroit donc encore dix ans à ce chef pour s'acquérir la réputation de bon officier supérieur; et, si l'on est fidèle au principe de l'astreindre encore à attendre son tour pour devenir lieutenant-colonel, brigadier et maréchal-de-camp, il finira indubitablement sa carrière avant d'avoir été à même de déployer ses talens, et de servir dans les places pour lesquelles il étoit peut-être né.

---

(1) D'après la loi actuelle, il est impossible d'atteindre avant un âge avancé au simple grade d'officier supérieur. Nous verrons même bientôt dans la cavalerie, qu'il sera impossible de commander une compagnie avant d'avoir les cheveux gris.

Il est évident que cette méthode priveroit
à jamais l'officier subalterne de l'espoir d'arriver au grade d'officier général : espoir que
l'ordonnance du duc de Choiseul tend à donner à tout officier, puisqu'il n'en est pas un
qui ne puisse arriver de bonne heure au grade
d'officier supérieur.

Pourquoi en effet le militaire seroit-il le
seul état dans lequel la stricte règle du tour
d'ancienneté (1) seroit invariablement suivie ?
Partout et dans tous les corps, au risque même
de se tromper, quelquefois on a été chercher
le talent où l'on a cru le trouver. Prétendroit-
on (2) qu'avant cinquante ans on ne peut
avoir celui des détails de la guerre et du commandement. Nos armées et celles de nos voisins nous fourniroient une foule d'exemples
du contraire. Les Romains choisissoient leurs
hommes, élevoient au consulat des jeunes
gens de vingt-trois ans ; Scipion et Pompée
eurent les honneurs du triomphe à la fleur de

____

(1) Je ne saurois trop m'élever contre cet abus qu'on a
déjà signalé, et dont plus d'une fois on a déjà senti les
désavantages dans les corps.

(2) Je doute que cette opinion fût soutenable ; je crois
même qu'elle a très-peu de partisans.

leur âge. Solon établit à Athènes que l'on nommeroit par choix à tous les emplois militaires.
Le roi de Prusse n'a ni tableau ni promotion; il
choisit les hommes, les essaie, et, sans égard
à l'ancienneté, il donne le commandement à
celui qui le mérite. (Note d'Hanalt.) Je ne
crois pas que les clameurs des officiers qu'il
laisse dans le rang lui fassent changer sa méthode.

Peut-être cette loi de n'avoir aucun égard
à l'ancienneté, excellente en elle-même, a-t-
elle de grands inconvéniens dans une nation
où l'intrigue et la faveur (1) ont tant d'empire.
Plusieurs exemples de choix mal faits, excitent
les murmures et plaintes contre une loi essentiellement bonne, mais dont il ne s'agit que de
maintenir l'intégrité en ôtant à un seul homme
la nomination aux emplois, et en les con-
férant à la pluralité des voix du conseil de
guerre (2). Le conseil instruit d'une vacance

____

(1) Aussi voudrois-je qu'on eût égard à l'ancienneté, et
que le nombre des tours déterminés conservât à l'ancienneté celui qui lui seroit dévolu. Je voudrois qu'on le restreignît à une place sur trois pour les officiers subalternes,
et au plus une sur quatre, pour les officiers supérieurs.

(2) J'ai déjà dit que ce conseil seroit on ne peut mieux

à une place de major, présenteroit au Roi le
sujet digne de la remplir, mais il devroit
toujours être pris dans la classe des capitaines et jamais parmi ceux du régiment où
la majorité seroit vacante. Cette dernière condition ne seroit pas aussi dure que bien des
officiers le disent et cherchent à le prouver;
car dans le cas où selon l'ordre du tableau,
l'officier le premier à placer se trouveroit
précisément du régiment qui lui est interdit,
il ne perdroit qu'un tour. Une autre raison
qui ne peut être mise en balance avec cette
prétendue injustice, milite fortement en faveur du règlement que je propose; c'est le
bien du service et l'exactitude qui ne peut
être entretenue que par une subordination
presqu'impossible à établir entre des officiers
que des habitudes longues et familières ont
liés d'opinion et d'amitié.

Les lieutenans-colonels doivent toujours
être pris dans la classe des majors (ou chefs
d'escadrons), ici la condition d'être étranger
au corps n'est plus nécessaire.

Indépendamment des notes que les officiers

remplacé par la commission d'inspection générale, formée d'inspecteurs généraux d'armes permanens.

généraux donneroient des officiers de leur inspection et de leurs divisions, les colonels enverroient des mémoires particuliers sur les talens de ceux qui pourroient se distinguer, afin de les proposer aux places d'officiers supérieurs.

De la Croix de Saint-Louis.

Les grades doivent être la récompense de la conduite et principalement *du talent de commander* et de conduire les hommes à la guerre ; il est démontré que ce n'est qu'en les employant ainsi que l'état et le militaire en retireroient tous les avantages qu'ils peuvent en attendre ; mais tous les sujets ne sont pas également propres à commander, il est d'autres moyens de mériter des récompenses.

L'officier *qui se distingue* (1) *à la guerre* par des actions de valeur doit être marqué et décoré, et c'est principalement pour lui qu'est fait l'ordre royal et militaire de Saint-Louis. Ce n'est que par un de ces abus (2) incroyables,

---

(1) Et non pas celui qui n'a été qu'à même de s'y distinguer.

(2) N'est-ce pas un abus ? ou est-il pour le mieux, que

que la croix sert à présent à marquer le nombre
des années de service, et qu'on la donne par
préférence aux officiers supérieurs, et même
à tels ou tels corps de prédilection, qui n'ont
pourtant un service ni plus pénible, ni plus
dangereux, et qui n'ont pas même une composition supérieure en officiers à celle des
autres corps de l'armée. Quoi ! parce qu'un
homme obtient le brevet de colonel ou parce
qu'il sert dans le régiment du roi, on lui doit
une décoration qui est le prix de la valeur ?

---

deux fois l'année il y ait distribution de croix, comme le
lendemain d'une affaire, et que chaque régiment ait un
certain nombre de croix pour être distribuées soit à ceux
qui ont honte de n'en pas avoir (je parle de la Légion
d'Honneur), soit à ceux qui veulent avoir un brevet de
vingt-cinq années de services (je parle de la croix de Saint-
Louis).

Ne seroit-il pas mieux que l'une et l'autre de ces croix
fût la seule récompense d'une action d'éclat, ou d'un
grand service rendu au Roi, à l'état, et qu'on cessât de
réparer tant d'injustices du dernier gouvernement, qu'il
n'avoit peut-être pas commises.

Ne seroit-il pas mieux qu'on distinguât dans le ruban
ou dans la croix de l'ordre immortel de la Légion-d'Honneur, les services militaires des services civils ? Et que
son frère aîné, l'ordre de Saint-Louis, ne fût plus à l'a-
venir, par suite d'une détestable méthode, un brevet
d'ancienneté de service.

Il est arrivé de la prodigalité de cette grâce ce qui devoit nécessairement s'ensuivre : que cette distinction a infiniment perdu de son prix, qu'on a annoncé partout qu'on la dédaignoit, et c'est pour la rehausser qu'on a fait dans l'ordre de Saint-Louis des changemens dont le militaire croit encore avoir à se plaindre, puisque la loi accorde la croix à vingt années de services, etc.

Si l'on donne la croix indifféremment aux années de services et aux actions d'éclat à la guerre, il s'ensuivra une injustice inévitable, et en voici l'exemple : un jeune homme fait une belle action, on lui donne la croix, voilà la récompense et elle est réelle, parce qu'il porte sur sa figure qu'il ne la doit pas à son ancienneté ; mais vingt-cinq ans après, cet officier a perdu cet avantage, sa croix n'annonce plus une action, mais seulement vingt-cinq années de service ; il devroit donc lui revenir une seconde croix. Que l'on donne si l'on veut une marque de distinction au long service, mais *bellicæ virtutis præmium* doit être la récompense de la valeur.

Jamais l'art de récompenser ne fut porté si loin que par les Grecs et les Romains ; ces peuples avoient des récompenses déterminées pour chaque action ; leurs ressources étoient infinies , et elles servoient à élever l'âme de ces hommes que nous admirons encore aujourd'hui.

Le troisième nom d'un Romain lui avoit toujours été donné en mémoire de quelque action d'éclat. Les Grecs en usoient de même, quand ils appeloient quelqu'un *Soter* et *Callicinos* : c'est-à-dire Sauveur et Victorieux.

La meilleure manière de récompenser de longs services, c'est de donner à tout officier la perspective assurée d'arriver au moins au grade de capitaine, de faire jouir ce rang d'une stabilité heureuse. Je le demande, que signifie généralement aujourd'hui la croix de Saint-Louis ? Que l'on a offert pendant quinze années sa vie au service de sa patrie, c'est un assez beau titre sans doute pour avoir droit à l'estime des hommes , mais c'est par quelqu'autre signe que je voudrois annoncer ce droit, ce titre. Faisant de la croix de Saint-Louis la récompense de ceux que des circonstances heureuses auroient mis dans le cas de rendre un service important, il n'y a que quelques individus particulièrement intéressés qui puissent réfuter ma proposition.

Je ne parle point de l'abus de donner la croix de Saint-Louis à des personnes qui ont quitté le service, à d'autres qui n'ont jamais servi, à des commissaires des guerres. Ce désordre est d'une nature à n'avoir besoin ni d'être représenté, ni d'être combattu.

Gratifications.

Les gratifications pécuniaires ne doivent point être mises au rang des récompenses, elles sont avilissantes; il y a des métiers si nobles, dit Jean-Jacques, qu'on ne peut les faire pour de l'argent sans se montrer indigne de les faire, tel est celui de l'homme de guerre. Que l'on n'induise pas les officiers en des dépenses extraordinaires, que les établissemens des troupes soient permanens, et les appointemens suffiront à chacun pour vivre convenablement à son grade. Je ne prétends parler ici que des gratifications en *récompense.* Car celles qui sont accordées pour les pertes faites à la guerre, pour augmentation de solde, ne peuvent être regardées que comme des indemnités aussi honorables que justes.

Des Châtimens.

Si l'homme court au bonheur, et par conséquent aux récompenses qui peuvent le lui assurer, il est nécessairement porté par sa

nature à éviter tout ce qui conduit aux châtimens, surtout s'il les regarde comme inévi-
tables après la faute. La discipline doit donc
être impartiale et sévère. C'est la faute et non
l'homme qui emporte la punition; ce principe
est un axiome de droit, connu depuis que les
hommes sont en société, et scrupuleusement
suivi par toutes les nations qui servent encore
d'exemple au monde. A Rome, nous voyons
Manlius récompensé pour avoir délivré le
Capitole, des Gaulois qui l'assiégeoient; il reçut
les présens ordinaires à ces actions et le sur-
nom de Capitolinus. Ce même homme excitant peu de temps après quelque trouble dans
la ville, l'état n'eut aucun égard à l'important
service qu'il avoit rendu, et le condamna à
être précipité du haut de ce même Capitole
qu'il avoit défendu avec tant de gloire. C'est
par de tels exemples que les Romains assu-
roient la vigueur des lois et la discipline qui
les fit triompher des ruses des Grecs, de la
force des Germains, et de toutes les nations
de la terre.

Il faut que la crainte du châtiment arrête
l'homme tenté de commettre l'action malhon-
nête qui peut lui être utile; car l'expérience
nous apprend que le remords ne commence
qu'où l'impunité cesse....

Les lois, a dit Montesquieu, doivent être relatives au physique du pays; elles doivent se rapporter au degré de liberté que la constitution peut souffrir; aux inclinations des habitans, à leurs manières; elles doivent avoir des rapports entr'elles avec l'objet du législateur, avec l'ordre des choses sur lesquelles elles sont établies; voilà ce qu'il faut écouter. On a voulu établir autrefois la punition des coups de sabre en France, on a revolté le militaire... Je cite encore Montesquieu, il fait dire à *Usbeck* : la différence qu'il y a des troupes françaises aux vôtres, c'est que les unes composées d'esclaves naturellement lâches, ne surmontent la crainte de la mort que par celle du châtiment, ce qui produit dans l'âme un nouveau genre de terreur qui la rend stupide; au lieu que les autres se présentent aux coups avec délices, et bannissent la crainte par une satisfaction qui lui est supérieure. Battez les Allemands, les Prussiens, les Russes, s'écrie un auteur qui connoît bien ma nation, tous ces descendans des sauvages du nord, dont un climat rigoureux engourdit les organes et dont l'âme retranchée sous une épaisse écorce, n'entend ce qu'on lui demande que quand on heurte rudement sur l'enveloppe; mais le Français, piqué de générosité, comprend les moindres signes ; quelque part que vous le frappiez, vous touchez sur son cœur, les moindres blessures risquent toujours d'être mortelles.

Ordonnances qui doivent régler le service des troupes.

Une nouvelle constitution et la permanence des établissemens des troupes, exigeroient nécessairement une nouvelle ordonnance (1) sur

---

(1) Elle nous seroit très-utile aujourd'hui pour remplacer l'ordonnance de 1768, dont la plus grande partie doit être retranchée et mise en harmonie avec le service actuel. Je saisis cette occasion de demander, avec toute l'armée, un code de *législation militaire.* La confusion qui règne dans nos lois, la défectuosité de quelques-unes, réclament la promulgation d'un code complet dont la précision et la clarté soient le principal caractère.

Je demande un code d'*administration militaire* émané du gouvernement, qui puisse remplacer cette foule de décrets, ce chaos de circulaires, d'ordonnances abrogées, annulées les unes par les autres, et qui rendent si compliquée une administration dont la simplicité doit être la première condition. Il faudroit qu'on y distinguât les diverses parties de l'administration : celle des régimens, l'administration intérieure de l'escadron ; celle de détachemens dans l'intérieur et l'extérieur. Alors, on

le service des places et garnisons des canton-
nemens et des campagnes.

---

pourroit faire des théories sur la totalité de ces parties ,
ou sur certaines parties seulement ; sur l'administration
des escadrons et des détachemens pour les officiers su--
balternes. Chaque régiment n'auroit plus sa théorie plus
ou moins imparfaite, que l'officier doit oublier en passant d'un corps à un autre. Enfin, les inspecteurs généraux
d'armes pourroient plus facilement s'assurer de l'uniformité
de la comptabilité et de l'instruction y relative de chaque
officier. Au vague des théories dictées succéderoient enfin
des théories écrites et rédigées sur des bases fixes.

Je demande également un règlement ou une ordonnance
sur le service des troupes en campagne ; chaque régiment
a encore sa théorie, beaucoup n'en ont pas du tout.
L'officier jaloux de connoître ses devoirs , qui n'a pas de
théorie écrite , est dans une impossibilité absolue de sa-
tisfaire à des questions arbitrairement , différemment ,
même ridiculement posées. Il est cependant un certain
service qui doit toujours être le même en campagne ;
pour la cavalerie , par exemple ; le service des grand'-
gardes , leurs divisions , le service des détachemens , des
reconnoissances , etc. C'est sur cette partie que je demande
une théorie fixe et adoptée pour tous les corps de cavalerie
de l'armée.

Je demanderai encore, s'il ne seroit pas utile qu'on dé-
terminât les bornes de ce qu'on appelle dans les régimens
cours d'hippiatrique ; qu'on fixât l'étendue de ce cours,
soit qu'on le bornât à la connoissance extérieure du cheval et quelques principes généraux d'hygiène , soit qu'on

Des Camps de Paix.

Les camps de paix sont reconnus si nécessaires et si instructifs pour les troupes et pour les généraux, que je ne crois rien avancer de trop fort en disant que nous n'aurons jamais d'armée manœuvrière, tant que nous n'en viendrons pas à suivre en cela l'exemple continuel que nous offrent l'Empereur et le roi de Prusse. Mais nous ignorons encore les moyens économiques que ces Souverains emploient; et nous sommes retenus chez nous par les dépenses extraordinaires que ces rassemblemens occasionnent. Nos convois militaires, nos compagnies des vivres et fourrages, nos entrepreneurs de toute espèce nous nuisent aussitôt que nous voulons faire un pas.

Je prie de se souvenir combien l'établisse-

---

lui donnât plus d'étendue, en le faisant précéder d'un cours complet d'anatomie, soit enfin qu'on le restreignît dans des bornes très-étroites, comme tel seroit mon sentiment.

Je me résume, en répétant à satiété que si l'on veut faire des théories d'administration, de service en campagne, il faut les écrire, les rédiger, et ne rien laisser à l'arbitraire.

ment permanent des troupes dans les différens quartiers du royaume est essentiel, et de
remarquer ici, combien il deviendroit utile
aux rassemblemens des divisions de l'armée,
dont je voudrois que la moitié campât tous les
ans, pendant le mois de septembre.

Une, deux, trois, ou un plus grand nombre
de divisions seroient rassemblées pendant ce
mois au centre de leur inspection, c'est-à-
dire, n'auroient qu'une très-petite route à faire
pour se rendre à leur camp. Les régimens qui
les composeroient, marcheroient comme pour
entrer en campagne, n'amenant avec eux
que les hommes et les chevaux en état de travailler, et avec un équipage très-leste (1), dépouillé de toute espèce de magasins et de ces
arias qu'on leur voit traîner aujourd'hui d'un
bout du royaume à l'autre. Un seul chariot,
pour deux escadrons, seroit payé par le Roi,
sur le prix une fois déterminé, et serviroit

---

(1) Et un uniforme d'homme et de cheval fait pour la
guerre et non pour les revues ; c'est-à-dire, commode,
simple, peu salissant et dépouillé de tout ornement inutile, d'un entretien, d'une réparation et d'un remplace-
ment faciles. C'est ici le lieu de bannir les inutilités. Je
voudrois toutefois que l'on conservât l'élégance dans la
coupe des habits.

aux équipages des officiers. Il seroit de plus fourni une voiture ou guimbarde pour les états-majors.

Des emplacemens des camps, déterminés à jamais, la compagnie des vivres prendroit ses mesures pour y avoir des fours, des magasins, et y faire, comme partout ailleurs, la distribution du pain.

Le soldat auroit pour augmentation de nourriture, une once de riz par jour, à commencer de celui où il entreroit au camp, et finissant le jour où il le lèveroit.

Parmi les fournisseurs des divisions qui devroient camper ensemble, le conseil de la guerre choisiroit celui qui auroit nourri toute l'année les chevaux avec le plus d'intelligence, et avec les meilleures denrées, pour le charger de l'approvisionnement général du camp. On l'avertiroit toujours au 1er juin du nombre des rations qui devroient se trouver le 1er septembre dans les magasins qui seroient faits en meule, à portée du camp. Ces achats seroient faits de manière à n'être livrés que dans les quinze derniers jours d'août, et le nombre des rations ne seroit que celui nécessaire aux chevaux de troupes; les officiers généraux devant être payés en argent et non en nature.

Mêmes mesures seroient prises pour les fournitures des vivres-pain ; d'autres pour l'arrivage de la viande achetée par le soldat.

Les 120 régimens d'infanterie, et les 40 régimens de cuirassiers et dragons, formeroient 15 divisions d'infanterie, et 5 divisions de cavalerie (en supposant la division de huit régimens). Pour en faire camper la moitié, il en coûteroit, tant pour frais de transport ou autre, que pour supplément de solde, d'après les calculs faits ; il en coûteroit, dis-je, environ 525,000 francs.

Si plusieurs de ces divisions se trouvoient placées de manière à pouvoir camper ensemble et former une espèce d'armée, ou qu'il plût au Roi de rassembler plusieurs inspections et de nommer un général, il faudroit créer un état-major d'armée : je suis trop peu jaloux de produire des idées neuves, et j'ai trop envie d'écrire utilement, pour me refuser à prendre les bons principes partout où je les rencontre. Je transcrirai ici un morceau des Mémoires de M. le comte de Saint-Germain, parce que j'ai cru qu'on ne pouvoit rien dire de mieux sur les états-majors d'armée.

« C'est au général à compter sur l'état-major ; comme il est chargé de toute la besogne et qu'il doit en répondre, il est juste, il est même du bien du service qu'il choisisse ses coopérateurs et ses aides. Son propre intérêt exige qu'il préfère les sujets sur les talens desquels il peut se reposer; et comme ses succès, sa gloire et sa réputation dépendent beaucoup du choix qu'il en fera, il n'est pas à présumer qu'il préférera la faveur à l'utilité sur un objet essentiel pour lui. Les fonctions de ces officiers sont bien importantes; elles exigent des hommes *déjà formés* (1), qui aient de grands talens et beaucoup de connoissances *acquises*; mais comme il n'y a que des coups de fusil et les commandemens des troupes devant l'ennemi qui puissent former de bons officiers, il seroit du bien de ces officiers, et de celui du service en général, de les reverser dans les corps après quelques campagnes faites dans l'état-major, en leur accordant de l'avancement s'ils l'ont mérité. De cette façon, on formera de grands officiers; il y a une grande distance du raisonnement et de la théorie à la pratique, et jamais on ne deviendra bon officier que par la pratique. »

Je n'entrerai point ici dans le détail des manœuvres et simulacres de guerre qui seront

---

(1) Il faudroit donc en tirer des corps soit d'infanterie, soit de cavalerie. (*Voyez la note de la page* 263).

exécutés dans ces camps; je me bornerai à dire que tout exercice doit y être fait en grand, et y représenter des mouvemens d'armée; ils sont du ressort de la stratégie, et je ne sortirai point de la place de détailleur et d'instructeur, qui est la seule qui puisse convenir à mes foibles connoissances.

De l'Utilité dont les troupes peuvent être en temps de paix, en partageaut entre elles leur instruction et les travaux publics.

C'est la manie de la toilette du soldat et les minuties de nos écoles, qui ont toujours fait que les colonels se sont opposés à ce qu'on employât les troupes aux travaux publics pendant la paix. L'utilité dont elles pourroient être devroit cependant ramener un usage dont les Romains n'ont pas dédaigné de nous donner l'exemple. Leurs mains victorieuses quittoient les armes pour prendre la bêche et la truelle; ils défrichoient, creusoient des canaux, bâtissoient des aqueducs : cette activité continuelle endurcissoit leurs corps, et les nôtres s'affoiblissent par l'oisiveté. Si les exercices de paix doivent être l'image des occupations de la guerre, le travail doit donc être regardé comme faisant une partie essen-

tielle dans l'institution de l'infanterie ; car l'infanterie ne trouvera pas toujours sa sûreté
dans la finesse des manœuvres ; elle sera quelquefois forcée d'user de la ressource du foible,
c'est-à-dire, de se retrancher, et alors il est
utile que le soldat sache manier la terre. Si la
France ne s'occupe pas des grands travaux qui
peuvent l'embellir, faciliter son commerce,
et fortifier les barrières qui la séparent des
puissances voisines, c'est parce que ces plans,
quoique reconnus utiles, présentent un ouvrage immense, trop disproportionné aux
bras et aux sommes qu'il nous reste à y employer. Si nous essayons une fois de nous servir des troupes, toutes ces difficultés dispa-
roîtront. Mais pour que ce projet devienne
possible et exécutable, il faut enrayer sur les
manies de tenue et d'exercice, bannir du métier des armes toutes les inutilités, déterminer l'instruction, fixer le temps qui doit y
être employé, et l'abréger en simplifiant ses
principes. Il faut mettre fin à ces misérables
pélerinages (ou les rendre beaucoup plus
rares) qui font deux fois par an, sans nécessité, sans utilité, promener les troupes d'une
extrémité du royaume à l'autre. Il faut, en un
mot, employer le corps militaire du génie, et
faire rentrer au profit de l'état les dépenses

qu'occasionne l'entretien d'une armée nombreuse. J'ai proposé de faire camper la moitié
de l'infanterie tous les ans ; je crois doublement avantageux d'employer l'autre moitié
aux travaux publics.

Appointemens des Officiers.

Il faut que l'officier vive de son emploi ;
étant fait pour sa place, ses appointemens
doivent lui procurer l'existence que lui donne
son rang. Des différences sensibles doivent
être établies entre les appointemens des différens grades. Il faut que le capitaine (1) soit
mieux traité que le lieutenant ; le lieutenant
mieux que le sous-lieutenant, ainsi de suite. Il
n'est point de service en Europe où le capitaine jouisse d'un état plus avantageux qu'en
Prusse. Dans cette constitution vraiment militaire, on n'a négligé aucun des moyens propres à établir une subordination absolue entre
chaque grade, et Frédéric a pensé avec raison
que le traitement pécuniaire déterminant la
manière de vivre, établiroit nécessairement

____

(1) M. de Bohan veut qu'il ait 3,200 fr. ; le lieutenant,
1,700 fr., etc.

les distinctions qui font la base de la discipline, et donneroit en même temps au subalterne, l'ambition de jouir à son tour d'un
bien-être auquel il est sûr de parvenir avec le
temps. Cette politique assure au roi de Prusse
de vieux officiers à la tête de ses troupes.

En Prusse, les gros appointemens tiennent
lieu de retraite. Le roi n'en accorde jamais
qu'à ses généraux. Il dit à ses capitaines, qui
ont jusqu'à huit ou neuf mille livres d'appointemens, faites des économies, conservez long-
temps votre emploi, et vous aurez de quoi
vivre, lorsque l'âge et les infirmités vous obli-
geront de quitter mon service. Là, les caisses
destinées aux dépenses de la guerre ne sont
jamais obérées comme en France, par la multiplicité des pensions, dont la plus grande
partie, chez nous, est surprise plutôt que
méritée.

*Banque militaire, retraite des Officiers pro-
portionnelle à leurs services.*

Quel que soit l'état ou la profession qu'un
homme embrasse, il peut raisonnablement
espérer que son travail et sa bonne conduite
lui procureront non-seulement sa subsistance
journalière pendant qu'il jouit de ses forces,

mais encore qu'une sage économie le mettra à l'abri d'une vieillesse misérable. Celui qui consacre sa jeunesse et sa vie au service de son roi, de son pays, doit espérer aussi de finir ses jours dans l'aisance et le repos.

Une banque militaire me paroît remplir cet objet et assurer une retraite à tous les officiers en général. Cette banque seroit formée d'une retenue annuelle sur les appointemens de chaque officier, depuis le moment où il entreroit au service jusqu'à celui où il le quitteroit. La proportion de cette retenue seroit fixée au cinquième de ses appointemens. L'augmentation d'appointemens, et une augmentation sérieuse et réelle, que j'ai proposée pour tous les grades, ne paroîtra plus une nouvelle charge pour les finances de la guerre, si l'on fait attention que j'anéantis d'autre part pour ces mêmes finances, une charge beaucoup plus considérable, qui est celle des pensions de retraites, si arbitraires et si multipliées aujourd'hui. Je crois donc essentiel d'établir un tarif aussi juste que permanent sur les proportions de ces sortes de grâces, et d'en assurer le paiement en créant des fonds particuliers, qui n'étant destinés qu'à cet usage, ne puissent jamais être distraits ou entamés dans de grands reviremens de fonds.

, La banque que je propose n'ayant d'autres fonds que les retenues annuelles sur les appointemens des militaires, ces fonds seroient la propriété de chacun des individus qui y auroient part. Le dépôt en seroit confié sûrement à huit administrateurs financiers et cautionnés dans les proportions que l'on jugeroit nécessaires pour la plus grande sûreté.

En supposant qu'un officier entrât au service à l'âge de dix-huit ans, qu'il fût huit ans sous-lieutenant, dix ans lieutenant et douze ans capitaine, il se trouveroit à l'âge de quarante-huit ans, avoir trente ans de service, et au moyen des retenues du cinquième et de l'accroissement des intérêts, posséder un capital de 21,912 livres 7 sols. Si ce capitaine se retire à cette époque, la moitié de ce fonds lui sera payé en argent comptant : c'est-à-dire, 10,956 liv. 3 sols 6 deniers, l'autre moitié à raison de 10 pour cent.

Si un officier quitte le service avant l'époque révolue de trente ans, il est clair que son traitement se trouvera diminué proportionnellement aux années qu'il servira en moins; comme il se trouvera augmenté dans la proportion des années qu'il servira en plus. Si un officier parvient au grade supérieur et à celui d'officier général, la retenue continuant à se per-

20 *

cevoir au cinquième de ses appointemens, et les intérêts des intérêts se joignant toujours aux capitaux, il se trouvera une retraite proportionnelle à son rang et à ses services ; et elle seroit payée de même, moitié en capital, moitié en viager. Les deux exemples suivans donneront une idée plus réelle de ce que je viens de dire.

Premier Exemple.

Un officier de cavalerie après avoir été trois ans sous-lieutenant, obtient une compagnie ; après douze ans de service il obtient une place de major, ou chef d'escadron ; après avoir été six ans major il obtient une place de lieutenant-colonel ; douze ans plus tard il se retire âgé de quarante-huit ans : son traitement se trouve être d'environ 46,606 livres, desquels on lui paie 23,303 livres en capital, et 23,303 livres en pension viagère.

Second Exemple.

Un officier d'infanterie après avoir été trois ans sous-lieutenant, obtient une compagnie de faveur ; après avoir été quatre ans capitaine, il obtient un régiment d'infanterie ; dix ans plus tard, il est fait brigadier ; deux ans après, il est fait maréchal-de-camp ; dix ans après, il est fait lieutenant-général ; il sert quatorze ans dans ce grade, et se retire âgé de 61 ans. Son traitement se trouve être de 262,403 liv. desquels on lui paie 131,201 liv. 10 sous en capital, et 131,201 liv. 10 sols en pension viagère.

Tout officier général ou autre, obtenant un gouvernement, un commandement ou une place militaire quelconque, ne seroit point censé avoir sa retraite, et n'auroit point la main-levée de ses fonds en banque. Il ne pourroit les percevoir que du moment où il donneroit sa démission absolue. Et s'il mouroit dans sa place, la moitié du capital seulement seroit, comme nous l'avons dit plus haut, payée à sa veuve ou à ses enfans.

Les bénéfices de cette banque seroient de ne jamais rembourser qu'une moitié des fonds qu'elle auroit reçus, et d'éteindre l'autre par une rente viagère, d'avoir en profit net tous les fonds de ceux qui quitteroient avant vingt années de service ; d'avoir de même la moitié des fonds de tous ceux qui mourroient ou seroient tués au service ; l'autre moitié devant être remboursée à la veuve (en capital), aux enfans ou au plus proche héritier du mort.

Dans une réforme aussi considérable que celle que vous proposez, me dira-t-on, comment établirez-vous la retraite des officiers actuellement au service ? de ceux qui n'ayant jusqu'à présent aucune retenue, ne peuvent avoir aucune masse ? Il est un grand principe, duquel tout réformateur, en France surtout, ne doit jamais s'éloigner, c'est de donner au même instant la force et l'activité à son plan : ainsi, la banque militaire seroit établie sur-le-champ. Les résultats de cette banque, calculés pour tous les grades et pour toutes les époques de service, seroient la mesure de toutes les pensions données ou à donner. C'est pour ne plus changer que l'on changeroit en ce moment, en diminuant ou augmentant toutes les pensions de retraite qui n'auroient pas ce tableau pour tarif.

Le tarif des pensions, invariablement fixé par l'établissement de la banque que je propose, assure à chaque officier un traitement proportionnel à ses services, lui montre un avenir certain, et me paroît plus juste que l'ordonnance actuelle des récompenses militaires, qui prive tout officier de l'espoir d'une pension, si les soins de sa famille ou de sa fortune l'obligent à quitter le service avant l'âge des infirmités et celui de l'épuisement de ses forces.

Projet d'une Société militaire.

C'est en se communiquant et en se faisant part de leurs découvertes , que les hommes ont fait des progrès dans les sciences et dans les arts. Le goût de la philosophie rassembloit les Anciens ; leurs dogmes et leurs opinions les classoient en différentes sectes : toutes se rassembloient particulièrement , et c'est sans doute ces académies qui nous ont donné le modèle de celles qui existent aujourd'hui en Europe , et dont les travaux éclairent l'univers. L'émulation règne dans ces sociétés ; que de découvertes ne devons-nous pas à la solution des problèmes qu'elles proposent tous les ans? Toutes les connoissances humaines sont du ressort de l'académie royale des sciences , et il n'est point d'art qui n'ait des obligations essentielles à cette savante société. Son établissement a servi de modèle à une infinité d'autres. Les travaux sont particulièrement affectés à un seul art ou à une seule science. Les académies de chirurgie , de peinture , d'architecture , de musique , de marine , etc., développent et perfectionnent tous les jours les principes des arts qu'elles cultivent. L'ignorance aujourd'hui fuit devant les hommes qui l'encensoient autrefois. Le dix-septième siècle nous montre encore les traces de ce préjugé, qui nous faisoit confondre le savoir avec la pédanterie, et mépriser tous ceux qui aspiroient par l'étude à quelque genre de distinction. La noblesse a été la dernière à secouer le préjugé (mais enfin elle l'a secoué); c'est ce qui est cause sans doute que la guerre n'a été long-temps qu'un jeu de hasard et de férocité. On s'est long-temps battu sans connoître l'art d'attaquer et de se défendre ; et quoique plusieurs généraux aient paru avec avantage sur le théâtre de la guerre, ils n'ont laissé à leur postérité que des exemples sans préceptes.

Frédéric II, le modèle des princes militaires, et l'admiration de l'Europe, nous a montré, par des succès aussi suivis qu'étonnans, que des principes sûrs guidoient sa pratique; c'est lui qui a rappelé aux autres nations ce que pouvoient l'art et la discipline. La tactique est devenue une science qu'il a fallu cultiver, sous peine d'être battu; que dis-je cultiver? il a fallu la créer, puisque les Anciens ne nous ont laissé que peu de préceptes sur un art qu'ils ont connu, il est vrai, mais qui étant infiniment lié à l'encyclopédie des connoissances humaines, a dû varier avec elles. Quoi qu'il en soit, dans un siècle aussi éclairé que celui-ci, on a lieu d'être étonné que tous les moyens mis en jeu, pour l'avancement et les progrès des arts, ne soient pas employés pour perfectionner celui de la guerre; est-il donc le moins important de tous ? Ignore-t-on que l'art d'attaquer et de se défendre est l'art de conserver les hommes ? Peut-on être surpris du sujet de nos plaintes à cet égard, quand on réfléchit que nos maîtres n'ont pu encore s'accorder sur les élémens du métier, sur la manière dont le soldat doit porter son arme, et lever la jambe pour marcher ? C'est bien pis, si l'on examine notre législation militaire, notre constitution ou la combinaison de l'ordre de nos manœuvres; on verra que l'incertitude tient partout la place de la vérité, que ce que l'on a cru avoir été prouvé le matin a été détruit le soir. Que de raisons pour réunir nos efforts, rassembler nos connoissances, et travailler de concert à les déterminer et à les étendre ! En effet, que peut-on espérer des travaux épars de quelques officiers instruits ? Où est l'auditoire qui doit juger leurs ouvrages, et apprécier leurs connoissances ? Sera-ce un ministre de la guerre qui ira feuilleter les livres militaires qui paroîtront, pour mettre à profit les principes qui y seront déduits ? C'est s'abuser de le croire. Faut-il le dire enfin, tant qu'une assemblée instruite et compétente ne travaillera pas à rechercher et déterminer les principes de notre art, nous perdrons notre temps dans des disputes frivoles et des essais pernicieux. (Si tandis que toutes les autres sciences se perfectionnent, celle de la guerre reste dans l'enfance, c'est la faute des gouvernemens qui n'y attachent pas assez d'importance, qui n'en font pas un objet d'éducation publique, qui ne dirigent pas vers cette profession les hommes de génie. *Guibert.*)

En parlant d'assemblée, je n'entends pas renouveler ces comités d'officiers généraux, dont le choix étoit plus propre à perpétuer les erreurs qu'à les détruire. Le résultat de ces assemblées, connu de tout le militaire, me dispense de m'étendre sur leur inutilité. Une vérité utile et démontrée, un plan raisonné et admis, seroient les seuls droits à cette société. Nous avons une société en France qui pourroit lui servir de modèle, c'est l'académie royale de marine, établie à Brest depuis 1752; quelles ressources ne tireroient pas nos officiers, même les plus instruits, dans les grandes opérations de la guerre, de voir des mémoires bien faits sur des détails militaires qu'ils

ignorent, faute d'un dépôt où soient réunies
toutes les connoissances relatives au métier.
Que de voix vont s'élever contre l'exécution
d'un pareil établissement. Je connois ces ré-
ponses qu'on a faites en tout temps aux nouveaux projets. On a sitôt dit , *cela est impossible !* mais en attendant qu'on l'ait prouvé, je
continue d'inviter à ce que je crois utile.

Des Ecoles militaires.

Puisque l'instruction du militaire est la
cause qui me fait écrire, tout ce qui y a rapport doit avoir place dans cet ouvrage ; puissé-
je en multipliant mes chapitres, répandre un
jour utile sur quelques-uns. Tant que l'école
royale militaire a subsisté , mon respect pour
cet établissement ne m'a pas permis l'examen
de ses défauts ; *il falloit corriger et ne pas
détruire :* voilà mon avis ; mais aujourd'hui,
qu'une destruction totale nous laisseroit plus
de difficultés à rétablir le premier plan qu'à
en former un nouveau, je vais essayer de mettre au jour quelques idées sur cet objet.

Depuis que la guerre est un art, on a dû
s'occuper de sa théorie, qui offre un champ
aussi vaste que fertile à ceux qui veulent le
cultiver. Les Anciens comme les modernes

ont recherché et développé ses principes.
C'est en partie aux écoles que le monde doit
les talens qu'il a admirés dans tous les genres.
Par quelle bizarrerie refuseroit-on (1) aux
écoles militaires l'avantage d'étendre les connoissances relatives au métier de la guerre,
et celui de former des officiers instruits dans
ses principes ? Peut-on opposer comme raison
victorieuse le nombre des élèves admis à cette
éducation et qui n'en ont pas profité ? Quel
est le collége où tous les écoliers deviennent
maîtres ? Le petit nombre de sujets distingués
qui s'y forment, ne fut jamais une raison pour
les détruire. Ces établissemens publics doivent être soutenus, parce que leur avantage
incontestable est de donner au moins les élémens des sciences qu'on y enseigne ; et quelques légères que soient les connoissances
d'un jeune homme, il doit toujours être pré-
féré à l'ignorant ; parce qu'à coup sûr, il a
plus d'aptitude que ce dernier à apprendre ce

---

(1) Un suffrage qu'il m'importe d'obtenir, est celui d'un
lutteur redoutable qui s'est déclaré dans tous les temps
l'ennemi d'un établissement qui me paroissoit aussi honorable qu'utile à une nation. Je ne pense pas qu'il existe
personne aujourd'hui qui puisse refuser ce suffrage : l'E-
cole polytechnique seule l'enlèveroit.

qu'il ne sait pas. Que peut-on attendre de l'é-
ducation particulière relativement au militaire;
quelles ressources un père peut-il avoir dans
sa province pour faire instruire son fils? A-t-
il le choix des maîtres, le moyen de lui donner les meilleurs? Non sans doute ; les grands
talens sont rares ; il n'y a que le Roi et le gouvernement qui puissent sûrement se les procurer, en accordant la constitution et l'intérêt.
Mais je suppose un élève sortant d'un de nos
meilleurs colléges de province , y aura-t-il
acquis la connoissance des devoirs militaires,
et les principes de l'état qu'il embrasse. Quel
raisonnement peut autoriser à confier à cet
enfant de 16 ans le commandement d'un certain nombre d'hommes, et la vie des hommes
qu'il mène à la guerre? On peut frémir
avec autant de raison de le voir occuper une
place de juge dans un conseil de guerre; mais
qu'on essaie de répondre à ces objections, on
ne répondra pas à celle-ci : c'est à l'ignorance
générale du militaire qu'on doit attribuer l'enfance dans laquelle est réglée la partie la plus
simple de notre métier : je veux dire l'instruction mécanique du soldat, et la tactique
élémentaire. De simples notions mathématiques auroient fait éviter les erreurs dans lesquelles sont tombés tous les instructeurs qui

ont précédé MM. de Ménil-Durand, de Me-
zeroy, de Kéralio, de Guibert, de Silva,
d'Arçon, etc. Ils sont les premiers qui aient
quitté de misérables routines pour adapter la
géométrie à la tactique, et il ne nous manque pour profiter des leçons de ces habiles
maîtres, que d'avoir des écoles où joignant la
pratique à la théorie, on puisse communiquer et étendre les lumières qu'ils ont léguées.
Si l'amour paternel veille à l'éducation privée,
l'amour de la patrie doit veiller à l'éducation
militaire.

Le premier objet d'une école militaire est
de former et instruire les jeunes officiers dans
le métier des armes; ils doivent être exercés
au service des deux armes principales, à l'é-
tude des ordonnances et des lois militaires,
aux principes de la tactique (1), aux ma-

____

(1) On ne conteste plus aujourd'hui la vérité des principes émis par M. de Bohan; on les a presque entièrement
adoptés pour l'école de Saint-Cyr; on y forme des officiers
d'infanterie pour le service et les besoins de cette arme,
mais j'ai peine à croire qu'on ait la prétention d'y former
des officiers de cavalerie; cependant il en sort tous les
ans un certain nombre. Nul doute qu'on n'y en formât,
comme dans tout autre école; mais d'abord il ne manque
que des chevaux, et la première condition seroit d'en

thématiques, et aux différens exercices de corps, etc.

Je prends l'âge de 16 ans pour le terme de

---

avoir, ne fussent que des chevaux tirés des corps ; car il est de toute impossibilité de faire un officier de cavalerie, dont l'instruction, même élémentaire, est beaucoup plus étendue que celle d'un officier d'infanterie, avec soixante ou quatre-vingts chevaux de manége, non hongrés, accoutumés à travailler en file, et consacrés d'ailleurs au service de l'école entière. Qu'arrive-t-il ? les élèves qui sortent de Saint-Cyr pour la cavalerie, se hâtent d'aller passer encore deux autres années à l'école des troupes à cheval pour y faire leur éducation qu'ils devroient y achever : heureux si avant ils n'ont pas rejoint un régiment, où ils n'auroient pu commander leur péloton.

De deux choses l'une, ou Saint-Cyr restera tel qu'il est quant à la cavalerie, et alors il n'en sortira que de très-tristes officiers pour cette arme ; ou cette école sera divisée, et l'on en créera une à l'instar de celle qui existoit à Saint-Germain. Cette division ne peut être que très-avantageuse, et seroit sans doute beaucoup plus naturelle que la réunion, qui met une école que je voudrois toute élémentaire, sous la direction, sous le commandement d'un officier général et de plusieurs officiers supérieurs, tous d'infanterie, gens de beaucoup de mérite sans doute dans cette partie, mais sans doute aussi, connoissant peu les détails sans nombre de la cavalerie. Et ensuite, quelle peut être l'existence de quelques capitaines de cavalerie attachés à cette école, ils doivent être jalousés, contrariés et sous la dépendance du dernier chef de bataillon ; par

l'enfance et de l'éducation primitive ; c'est le moment où l'homme peut profiter de l'expé-

---

conséquent, cette existence est très-fatigante , cette position très-fausse.

On m'objectera la dépense ; mais doit-on toujours avoir en vue une stricte économie, quand il s'agit d'institutions utiles , et aussi utiles que la création d'une école élémentaire de cavalerie ? La cavalerie n'est-elle pas , après l'artillerie, l'arme qui exige le plus d'instruction ? Consacrez-lui donc une école qu'elle réclame pour former de jeunes officiers.

Je préviens que je ne pense pas qu'on puisse regarder l'école actuelle des troupes à cheval comme devant suppléer l'école réclamée ; car on ne peut ni on ne doit dans ma manière de voir , y former de jeunes officiers, mais bien n'y admettre que des officiers déjà dans les corps , qui puissent s'occuper de cavalerie plus en grand.

Si la création d'une école élémentaire de cavalerie, devenue nécessaire , indispensable, demande de trop grands sacrifices d'argent, si le dispendieux établissement de Saint-Cyr éloigne, dégoûte d'un second essai , si , attendu la proximité de Saint-Germain relativement à Saint-Cyr, la plupart des professeurs ne peuvent pas être communs à ces deux écoles, si enfin ces deux écoles ne peuvent pas être établies dans le même lieu, mais absolument indépendantes l'une de l'autre, il existe peut-être un moyen de conciliation.

Je dois prévenir ici que c'est une simple opinion que j'émets, que je n'y tiens qu'autant que je la crois utile, et que le jour où elle aura été combattue et réfutée, je l'a-

rience, et former son raisonnement. Mais ce
n'est pas en lui donnant, comme aujourd'hui,

---

bandonnerai comme toutes celles que j'ai émises, et qu'on
m'a démontrées impraticables.

Ce moyen offriroit l'avantage d'épargner les sommes
considérables qu'absorbe l'établissement de Saint-Cyr.
Le budget de la guerre n'auroit plus à entretenir un
nombre d'employés presque égal à celui de quatre cents
élèves environ. On laisseroit cette maison comme asile
consacré par la munificence royale à l'éducation des enfans de la noblesse pauvre ancienne et nouvelle ; des enfans des officiers sans fortune, des officiers morts au
champ d'honneur, etc.

Ce moyen auroit encore l'avantage de réunir en une
seule école toute l'armée, et de répandre, quoique à des
degrés différens, une instruction à peu près uniforme dans
toutes les armes ; enfin d'alimenter une école, la première
du monde, qui n'a plus assez de débouchés, et qui ne
peut plus admettre dans son sein qu'un nombre très-
borné d'élèves. — On a déjà compris que je veux parler
de l'école polytechnique, qui justifieroit encore mieux
son titre un peu ambitieux. En effet, si deux années sont
employées à Saint-Cyr, ne le seroient-elles pas mieux à
l'école polytechnique, et pourquoi après le génie et l'artillerie, n'en sortiroit-on pas pour entrer dans le corps d'état-
major, dans la cavalerie, enfin dans l'infanterie. Une année
à l'école d'application de Metz ne suffiroit-elle pas et au-delà
pour exécuter les écoles de soldat et de peloton pour l'infanterie ; les six leçons de l'école du cavalier converties
en école du cavalier et de peloton pour la cavalerie.

une sous-lieutenance et des hommes à commander, que je prétends l'instruire; c'est au

---

Il est vrai que tout le monde ne pourra pas être admis à l'école polytechnique, que la médiocrité essaiera de repousser le système fatal des examens qui la met dans tout son jour; que la faveur n'aura plus autant de chances qu'à l'école d'application d'état-major, qu'à celle de Saint-Cyr; mais alors on travaillera davantage, l'émulation sera beaucoup plus grande, et ses résultats tourneront tous à l'avantage de la science, du Roi et de l'État.

Qu'on ne prétende pas que les élèves de l'école polytechnique soient animés d'un mauvais esprit, qu'ils *pensent mal*; la faute en seroit toute au gouvernement sur qui le reproche retomberoit, puisqu'il a dans ses mains tant et de si puissans moyens pour se les donner à jamais.

On conserveroit ensuite une autre porte pour entrer *sous-lieutenant* au service, les compagnies des gardes du corps seroient ouvertes, ménagées à celui auquel un examen malheureux auroit interdit l'entrée de l'école polytechnique, mais l'examen seroit de rigueur.

Un noviciat moins long seroit exigé dans les corps de ligne, un an avant d'être sous-officier; une autre année pour être promu au grade de sous-lieutenant; et l'on ne seroit plus obligé d'avoir vingt années révolues pour être sous-officier, et vingt-deux pour obtenir l'épaulette, comme s'il étoit indispensable d'être depuis un an majeur devant la loi, pour obtenir une sous-lieutenance.

L'on ne verroit plus les corps appelés savans afficher pour la cavalerie et l'infanterie ce dédain si bien justifié par le peu d'instruction, par l'ignorance même du plus grand nombre des officiers de ces deux armes.

contraire en le réduisant pendant deux ans à la seule et à la plus stricte obéissance.

Sur l'Ecole de la Cavalerie.

J'ai tâché de faire entendre combien les mouvemens de la cavalerie devoient être suivis et non interrompus, combien cette arme pouvoit tirer d'avantage de la promptitude de ses changemens de position et de ses manœuvres ; mais, pour parvenir à former ces lignes et ces colonnes souples et mobiles, quelle perfection ne faut-il pas dans chacun des individus qui les composent. Un seul homme

---

Si le mode d'admission au service, par l'école polytechnique, dans les deux armes les plus nombreuses, est reconnu impossible, impraticable ; qu'on entre aux écoles de cavalerie de seize à vingt ans, afin que le malheureux qui a travaillé infructueusement quatre années pour la première école, puisse encore entrer dans ces deux dernières ; et enfin qu'on mette une certaine rigueur dans les examens qui auront leurs numéros d'entrée, de première année, de sortie, comme on le suit si avantageusement dans la première de toutes les écoles.

J'insiste pour qu'à la tête d'une école de cavalerie, on place un général de cavalerie ; car je suis convaincu que l'école des troupes à cheval s'est très-bien trouvée de ses deux premiers généraux.

21*

maladroit, un seul cheval rétif, nuisent à l'ordre , détruisent l'ensemble , et par conséquent la force.

Si l'art de manœuvrer de la cavalerie consiste à tirer de l'escadron le plus de vitesse , d'adresse et de force possibles, l'art de l'instructeur est de former des individus qui soient eux-mêmes pourvus de ces qualités.

Dans la première partie de mon ouvrage , j'ai parlé des premières conditions nécessaires pour avoir une bonne cavalerie ; elles consistent dans le choix des hommes et des chevaux, dans la constitution et la discipline des corps, dans un habillement et un équipement simples (1) , élégans, commodes , et relatifs à leur usage ; il ne reste donc qu'à détailler les principes les plus sûrs pour faire en peu de temps d'un nombre d'hommes et de chevaux neufs, un escadron manœuvrant et solide.

---

(1) On ne sauroit trop s'attacher à la simplicité et à la commodité de l'équipement et de l'habillement; on doit toujours voir le soldat tel qu'il doit être à la guerre, et non tel qu'il doit être à une revue, à une parade. Il faut donc, tout en conservant ce qui peut le flatter et lui faire aimer son habit, bannir à jamais les inutilités, les doubles tenues ; enfin tout ce qui charge inutilement le cheval, et peut lui ôter de sa légèreté.

Que l'on me permette de rappeler ici les grandes vues de M. le duc de Choiseul. L'opinion publique ne seroit plus partagée sur la bonté de ses opérations sur le militaire, si les principes qui les avoient dirigées, avoient été constamment suivis, et si ce grand homme, après avoir créé une constitution, une discipline et une instruction, avoit eu le temps de les perfectionner.

Lorsqu'il entreprit ses grandes réformes, la cavalerie surtout lui parut digne d'une attention particulière ; il sentit bien que la nouvelle formation et la nouvelle ordonnance qu'il lui donnoit, ne suffiroient pas pour instruire cette arme, et la porter au point de perfection que son génie lui faisoit apercevoir ; il vit que nous manquions d'élémens et de principes, que le plus grand nombre de nos corps étoient dépourvus de sujets capables de donner les premières instructions ; c'est ce qui le détermina à établir des écoles générales où l'on puiseroit ces principes. Le mal fut d'avoir plusieurs écoles (1) ; parce que les écuyers de la Flèche,

____

(1) On ne peut trop insister sur cette inconvénient d'avoir plusieurs écoles ; l'unité ne peut plus être conservée, l'uniformité des principes ne peut plus exister ; de là les

de Besançon , de Cambrai , tous hommes de cheval sans doute , mais sortant eux-mêmes de différentes académies, et ayant eu différens maîtres ; leurs principes et leurs opinions particulières se trouvèrent infiniment variés sur l'art de l'équitation : art sur lequel il n'y a encore rien d'écrit de satisfaisant et de démontré. Tous ces instructeurs travaillèrent plus en *écuyers cavalcadours* qu'en officiers de cavalerie ; au lieu de former des chevaux pour la manœuvre, ils formèrent des chevaux pour les airs de manége, et dans ces écoles on parloit aux cavaliers *de fermer* , *de manier sur deux pistes* , *de voltes renversées* , *de passage* , etc. ; mots techniques, inutiles dans les académies mêmes , mais pernicieux surtout dans les manéges de cavalerie.

Ces inconvéniens n'échappèrent point à l'œil pénétrant du ministre ; mais il les toléra, parce que, voulant tout instruire à la fois, il falloit bien souffrir la pluralité des maîtres ; d'ailleurs, comme je l'ai dit, tous les chefs de ces écoles jouissoient de la réputation de capables, il falloit donc s'en rapporter à eux, et

---

divergences d'opinions, les doutes , et les progrès de l'instruction rallentis.

il valoit encore mieux souffrir les inconvéniens
des écoles, que de n'avoir point d'écoles du
tout; cependant ces vices dans la première
institution en produisirent d'autres : les jeunes gens sortant de ces écoles, qui avoient
monté à cheval deux ou trois fois la semaine,
pendant dix-huit mois ou deux ans, rentrè-
rent dans leurs régimens n'ayant que des notions très-confuses sur tout ce qu'ils avoient
vu ou pratiqué; destinés à être maîtres, ils
en prirent le ton et bientôt l'orgueil, lorsque
les plus anciens officiers, les colonels même,
qui disputoient aussi alors sur les mots techniques de l'équitation, vinrent les consulter et
les prendre pour juges. Au milieu de toutes
ces disputes, et des essais qui s'ensuivoient
toujours, on crioit et l'on s'entêtoit sans s'entendre. N'y ayant rien (1) d'écrit, rien de démontré, chaque régiment avoit ses méthodes,
qu'il appeloit ses principes; je dis ses méthodes, car alors, comme aujourd'hui, il y en
avoit plusieurs.

---

(1) Je m'arrêterai peu sur la constitution de l'école de
cavalerie, dit M. de Bohan; mais ce qui ne peut être arbitraire, c'est l'art de monter et dresser les chevaux de
guerre; je n'ai cru pouvoir me dispenser de donner un
essai de cette théorie. (Troisième volume.)

Nous voyons que si deux officiers quelconques se succèdent dans l'emploi d'instructeur, chacun a ses leçons et ses moyens particuliers; l'un place l'homme à cheval dans une direction perpendiculaire du sommet de la tête au talon de la botte ; l'autre veut que le corps, la cuisse et la jambe aient une direction différente ; l'un appelle cheval rassemblé , celui dont le cavalier allège le devant , en se servant de la bride et des talons pour rapprocher les jambes de derrière du centre de gravité ; l'autre dit que dans cette position le cheval est acculé , et que l'art consiste à tenir la masse répartie proportionnellement sur les quatre jambes ; l'un veut que le corps de l'homme penche à droite, à gauche, en arrière, et qu'il soit un aide dont le cavalier se serve pour mener son cheval ; l'autre que le corps du cavalier soit à jamais immuable dans le rapport de sa direction avec l'horizon, etc. etc. Quel homme, ou quel livre peut nous mettre d'accord ? Sera-ce l'instruction que nous trouvons à la suite de nos ordonnances ? Cet abrégé est incomplet (1), inintelligible ; il est impos-

____

(1) Il est encore incomplet aujourd'hui, et il le sera tant qu'on voudra renfermer dans un cadre trop étroit

sible de s'y conformer; et s'il ne peut nous servir à faire des écoliers, comment nous servira-t-il à devenir maîtres!

Je le confesse, les institutions et les ordonnances rédigées par M. de Choiseul, sortirent la cavalerie de l'ignorance où elle étoit; mais soit que les bornes de l'esprit humain ne nous permettent d'arriver à la vérité, qu'après avoir passé par toutes les erreurs possibles ; soit que la classe d'hommes qui cultive les élémens militaires soit moins éclairée et plus distraite par l'activité de son genre de vie, il n'en est pas moins vrai que la cavalerie est restée dans une enfance dont elle ne sortira que lorsqu'on rédigera, dans le silence du cabinet, une théorie (1) complète d'après des expériences réfléchies.

un grand nombre de principes qui exigent le développement que leur a donné M. de Bohan dans son troisième volume. Plus tard, et lorsqu'il sera mieux connu, on appréciera le service que son auteur a rendu à l'arme de la cavalerie.

(1) Sans pouvoir encore espérer une théorie complète sur toutes les branches d'instruction, sur toutes les connoissances exigées d'un officier de cavalerie, on pourroit, si je ne me trompe, rédiger de nouveau la plus essentielle de toutes ces théories, l'ordonnance de l'an 13, *provisoire*

Le génie, l'artillerie, la marine, ont des
écoles spéciales; il faut en créer une pour la

---

depuis dix-sept ans. Une nouvelle rédaction de cette ordonnance est réclamée par tous les corps, par l'école des
troupes à cheval. Les fautes qu'on y a reconnues, la pro-
lixité d'une partie de l'école d'escadron, la nécessité de
certains commandemens, l'inutilité de certains autres, le
besoin de quelques développemens, commandent impé-
rieusement un nouvel examen de cette ordonnance.

Je n'ignore pas combien les changemens, en matière
d'ordonnance, sont à redouter, combien ils sont fati-
gans pour ceux qui doivent apprendre une seconde fois;
mais on peut éviter presque tous ces inconvéniens en conservant la plus grande partie des détails, des observations ; retranchant, biffant seulement tous les *mots inutiles*, et le nombre en paroît prodigieux à qui les a mis
dans sa mémoire.

Je voudrois que la division de l'ordonnance éprouvât
une modification facile, qui consacrât ce principe d'éter-
nelle justesse, aller du simple au composé, du connu à
l'inconnu. Je voudrois qu'il existât une école de cavalier,
une école de peloton, une école d'escadron ; bien qu'on
ne puisse assimiler les mouvemens de la cavalerie à ceux
de l'infanterie, on sent à merveille que la gradation, que
la progression bien plus naturelle de l'instruction de
l'infanterie peut lui être empruntée sans danger.

Je voudrois que prévenus quelques mois d'avance, les
officiers des corps pussent envoyer des notes, des projets
même ; et que la commission d'inspection générale, naturellement saisie de ce travail, leur tînt compte d'efforts

tactique (1) de l'infanterie et de la cavalerie.
J'ai désigné l'emplacement de Lunéville comme

---

heureux. Enfin mon sentiment seroit que la moitié des officiers de l'état-major de l'école des troupes à cheval assistât, coopérât à cette rédaction, qu'ils fussent admis au sein de cette commission. Ces officiers ont appris, et *appris par cœur* toute l'ordonnance; ils seroient meilleurs juges dans certaines discussions que d'autres officiers qui n'auroient pas le même avantage.

Une fois adoptée, cette nouvelle théorie seroit strictement, scrupuleusement, religieusement suivie dans tous les corps; et l'on ne verroit pas, comme aujourd'hui, chaque corps y déroger plus ou moins, et changer certains commandemens, certains détails, les diviser, les subdiviser.

La théorie du cavalier à pied seroit bornée à une école de cavalier et à une école de peloton; l'escadron à pied, devant emprunter tous ses mouvemens à l'escadron à cheval, en substituant aux mouvemens par quatre les mouvemens de flanc; on observeroit ensuite la plus parfaite analogie dans *les détails* qui doivent conduire à la même fin, et dans les mouvemens à pied qui doivent s'exécuter à cheval.

(1) Il seroit fort à désirer que l'on créât une école de tactique pour l'infanterie, et que l'on envoyât des corps un certain nombre d'officiers, y puiser les principes les plus sains, les plus reconnus de la tactique. On sent qu'il n'est plus question de l'école élémentaire de Saint-Cyr. L'école actuelle des troupes à cheval peut parfaitement devenir, comme le veut M. de Bohan, une école de tac-

le plus convenable pour remplir cet objet. Il
faut y appeler d'abord un officier supérieur

tique pour la cavalerie; mais il est à redouter qu'elle ne
dégénère en école régimentaire, ou qu'elle ne se fonde
dans une école tout-à-fait élémentaire.

Dans ma manière de voir, un des vices de cet excellent
et précieux établissement, est que des lieutenans et sous-
lieutenans y soient les seuls grades envoyés par leurs
corps; ils y retournent sans autorité; ils ne peuvent y être
chargés de l'instruction. Il faudroit d'abord que l'on
adjoignît à deux sous-lieutenans un capitaine dans la position de devenir officier supérieur; que l'on donnât quelque moyen puissant d'émulation; que des sous-officiers
ne profitassent plus d'une instruction très-dispendieuse,
plus convenable à des officiers; et que ces sous-officiers
acquerroient de même par la suite en passant officiers, et
en rejoignant l'école à ce titre.

Je voudrois que l'école du cavalier, qu'une école de peloton, vues à fond, soit à Saint-Cyr, soit à Saint-Germain
(les officiers d'état-major seroient tirés de l'école des
troupes à cheval), soit à Metz, soit enfin dans les corps,
fût également revue à fond, mais rapidement à l'école
des troupes à cheval, et que la majeure partie du temps
fût consacrée à l'école d'escadron et aux manœuvres, donnant à l'école d'escadron, base de toutes les manœuvres,
toute la perfection dont elle est susceptible.

Alors, seulement alors, l'école des troupes à cheval
seroit véritablement une école de tactique pour la cavalerie. Cours nécessaires, manéges, bibliothèque de l'art, etc.,
rien ne manqueroit pour faire marcher la cavalerie sur

de chaque corps, et un capitaine, un lieutenant et un sous-lieutenant destinés à le devenir; car y attacher seulement des jeunes gens
pour leur confier ensuite l'école de leur régiment, c'est s'exposer à ne retirer aucun fruit
de son travail; parce que ces jeunes gens
n'ayant point de grade pour commander, tout
ce qui est au-dessus d'eux, se refuse à leurs
leçons; nous en avons vu l'exemple : ce renver-
sement d'ordre a produit la confusion, l'indis-
cipline, parce que dans le métier des armes,
la première loi est de tenir chacun à sa place et
dans les bornes de ses prérogatives. Il ne faut
pas que l'instructeur invite, il faut qu'il commande. Le soin de l'instruction de messieurs
les officiers ne peut donc être confié qu'aux
officiers supérieurs. On se souviendra ici
combien j'ai insisté sur la nécessité d'avoir des
chefs capables, et par conséquent sur la nécessité d'avoir le droit de les choisir et de les
prendre partout où on les rencontre. Dans la
cavalerie plus que dans l'infanterie encore, il
faut que l'officier supérieur ait des talens et de
l'activité.

---

les traces de l'artillerie, qui, dans l'origine et même dans
un temps encore peu éloigné, a été inférieure en instruction à ce qu'est aujourd'hui la cavalerie.

Tout officier peut être instructeur à pied, parce que son ordonnance à la main, il peut réciter des positions prescrites; des yeux et des oreilles suffisent pour faire marcher un bataillon ensemble et aligné; mais l'art de dresser et de mouvoir nos escadrons ne peut être soumis aux formules classiques de nos ordonnances; il faut plus que de la volonté, il faut des talens.

FIN.

ON TROUVE CHEZ LES MÊMES LIBRAIRES.

D'Harembure. Elémens de cavalerie, ouvrage élémentaire, propre aux officiers - généraux, adjudans-généraux, chefs de corps, aides-de-camp, etc. Paris, 1795, in-12. 1 f.

Ordonnance provisoire sur l'exercice et les manœuvres de la cavalerie, rédigée par ordre du ministre de la guerre, du 1er vendémiaire an 13, 2 vol. in-8. 15 f.

Idem, 2 vol. in-12. 9 f.

Instruction de détail pour l'exercice et les manœuvres de cavalerie, 2 vol. in-8, dont un de planches. 15 f.

Idem, 2 vol. in-12, avec pl. 9 f.

La Roche-Aymon. Des Troupes légères, ou Réflexions sur l'Organisation, l'Instruction et la Tactique de l'infanterie et de la cavalerie légères. Paris, 1817, 1 vol. in-8. 7 f. 50 c.

Livret de Commandement pour les manœuvres des troupes à cheval, avec la décomposition du texte desdites manœuvres d'après l'ordonnance du 1er vendémiaire an 13, 1 vol. in-12. 3 f.

Le même, in-8. 5 f.

Melfort. Traité de cavalerie, propre à conduire l'homme de guerre depuis l'état de simple cavalier jusqu'à celui de général d'armée ; orné de 44 estampes, dessinées par les plus habiles maîtres, représentant, dans un grand détail, les marches et évolutions de cavalerie ; on y a joint les planches de Laguérinière, 1 vol. in-fol. et un atlas très-grand. 72 f.

Mottin de la Balme. Elémens de tactique pour la cavalerie. Paris, 1776, 1 vol. in-8, 5 planches. 5 f.

Porterie. (de la) Institutions militaires pour la cavalerie et les dragons. Paris, 1754, 1 vol. in-8, 11 pl. 6 f.

Sainclair. Règlement pour la cavalerie prussienne, traduit de l'allemand. Francfort, 1762, 1 vol. in-12, 2 pl. 5 f.

Boideffre. Principes d'équitation et de cavalerie, 1 vol. in-12. Paris, an 11. 1 f. 50 c.

Boideffre. Principes de cavalerie. Paris, 1790, 1 v. in-12. 2 f.

Châtelain. Traité d'équitation, ou Connoissances nécessaires pour dresser et soigner les chevaux avec méthode, 1 vol. in-8, fig. 3 f. 50 c.

Dupaty-de-Clam. La Science et l'Art de l'équitation démontrés d'après la nature, ou Théorie et Pratique de l'équitation, fondées sur l'anatomie, la mécanique, la géométrie et la physique. Paris, 1776, 1 vol. in-4, 9 pl. (rare).

La Guérinière. Ecole de cavalerie, contenant la connoissance, l'instruction et la conservation du cheval, nouvelle édition,

avec le portrait de l'auteur. Paris , an 11 , 2 vol. in-8 , 31
planches. 10 f.
Le même , in-fol. Paris, 1 vol. 36 f.
La Guérinière. Elémens de cavalerie, 1 vol. in-12. 6 f.
Montfaucon de Rogles. Traité d'équitation, nouvelle édition,
avec planch. Paris, 1810, in-8. 5 f.
Newkastle (le nouveau) ou nouveau Traité de cavalerie. Paris,
1747, 1 vol. in-12. 1 f. 20 c,
Roi. Elémens d'équitation militaire ; ouvrage utile aux jeunes
gens qui veulent cultiver cet art., et particulièrement à ceux
qui se destinent à remplir les fonctions d'instructeurs. Paris,
an 8, 1 vol. in-12. 2 f. 50 c.
Bourgelat. Essai théorique et pratique sur la ferrure, à l'usage
des élèves des écoles vétérinaires , 3ᵉ édition. Paris, 1813 ,
1 vol. in-8. 3 f.
Bourgelat. Elémens de l'art vétérinaire ; Traité de la conformation extérieure du cheval, de sa beauté et de ses défauts ;
des considérations auxquelles il importe de s'arrêter dans le
choix qu'on doit en faire , etc., 6ᵉ édition., augmentée du
Traité des haras., publié par Huzard. Paris, 1818, un vol.
in-8. 6 f.
Chatelain (lieutenant-colonel.). Mémoire sur les chevaux ara-
bes ; projet tendant à augmenter et améliorer les chevaux en
France. — Notes sur les différentes races qui doivent être
préférées à ce sujet. — Réflexions sur l'administration des
haras , leur utilité. — Instruction pour les propriétaires qui
font des élèves. — Connoissance nécessaire pour faire un bon
choix d'étalons et de chevaux de guerre. — Beautés et défec-
tuosités. Tableaux , recettes, dépenses et réformes. Paris,
1816, 1 vol. in-8 , avec une fig. 2 f. 50 c.
Chatelain (lieutenant - colonel). Traité d'hippiatrique, ou
Connoissance de l'extérieur du cheval, ses beautés , ses dé-
fectuosités , ses principales maladies et notions sur la ferrure,
1 vol. in-8, avec planch. 3 f. 50 c.
Garsault. Le nouveau parfait maréchal, ou la connoissance
générale et universelle du cheval, divisé en sept traités. Paris,
1811, 1 vol. in-4, 39 planches. 15 f.
Jauze. Cours théorique et pratique de maréchallerie vétérinaire,
à l'usage des élèves des écoles vétérinaires , des maréchaux,
des corps de cavalerie, etc. etc. , 1 vol. in-4, avec 110 planches. Paris, 1818. 30 f.
Lafosse. Manuel d'hippiatrique, 4ᵉ édit. , 1813, 1 v. in-12. 3 f.
Lafosse. Dictionnaire raisonné d'hippiatrique, cavalerie, manége et maréchallerie, 4 vol. in-8. 20 f.
Lafosse. Le Guide du maréchal, contenant une connoissance
exacte du cheval, la manière de distinguer et de guérir ses
maladies , ensemble, un traité de la ferrure qui lui est convenable, 1 vol. in-8, fig. 6 f.

A
D

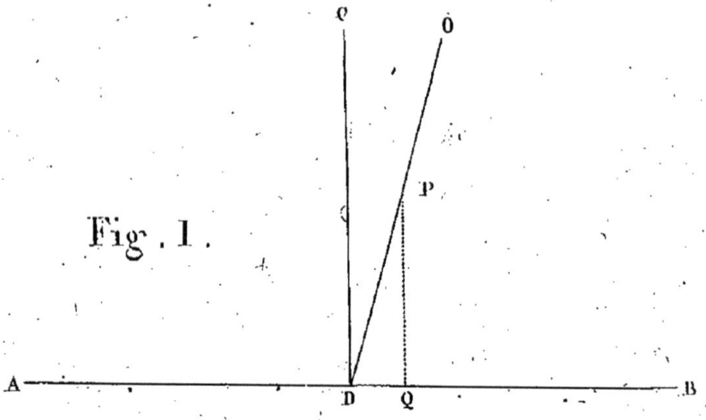

Fig . 1 .
c
O
P
A
D
Q
B

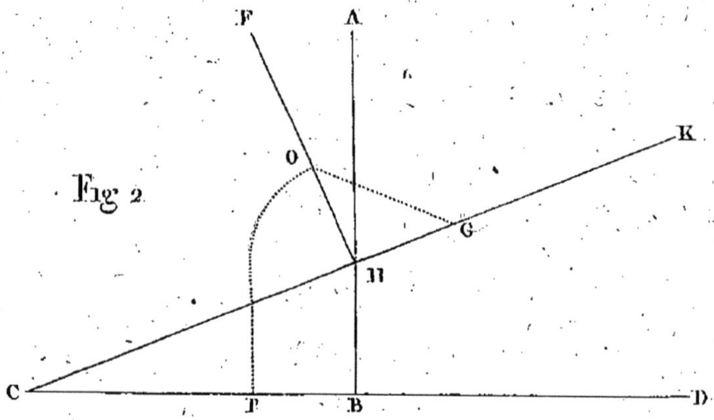

Fig 2
F
A
K
O
G
H
C
T
B
D

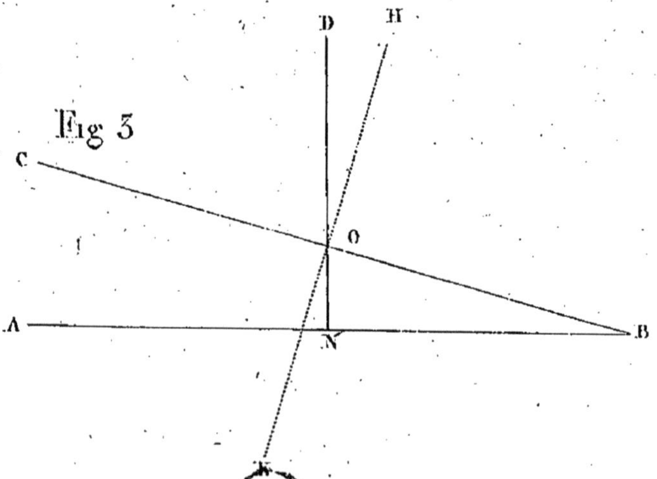

Fig 3
D
H
C
O
A
N
B

Pl. 3.
A
B
C

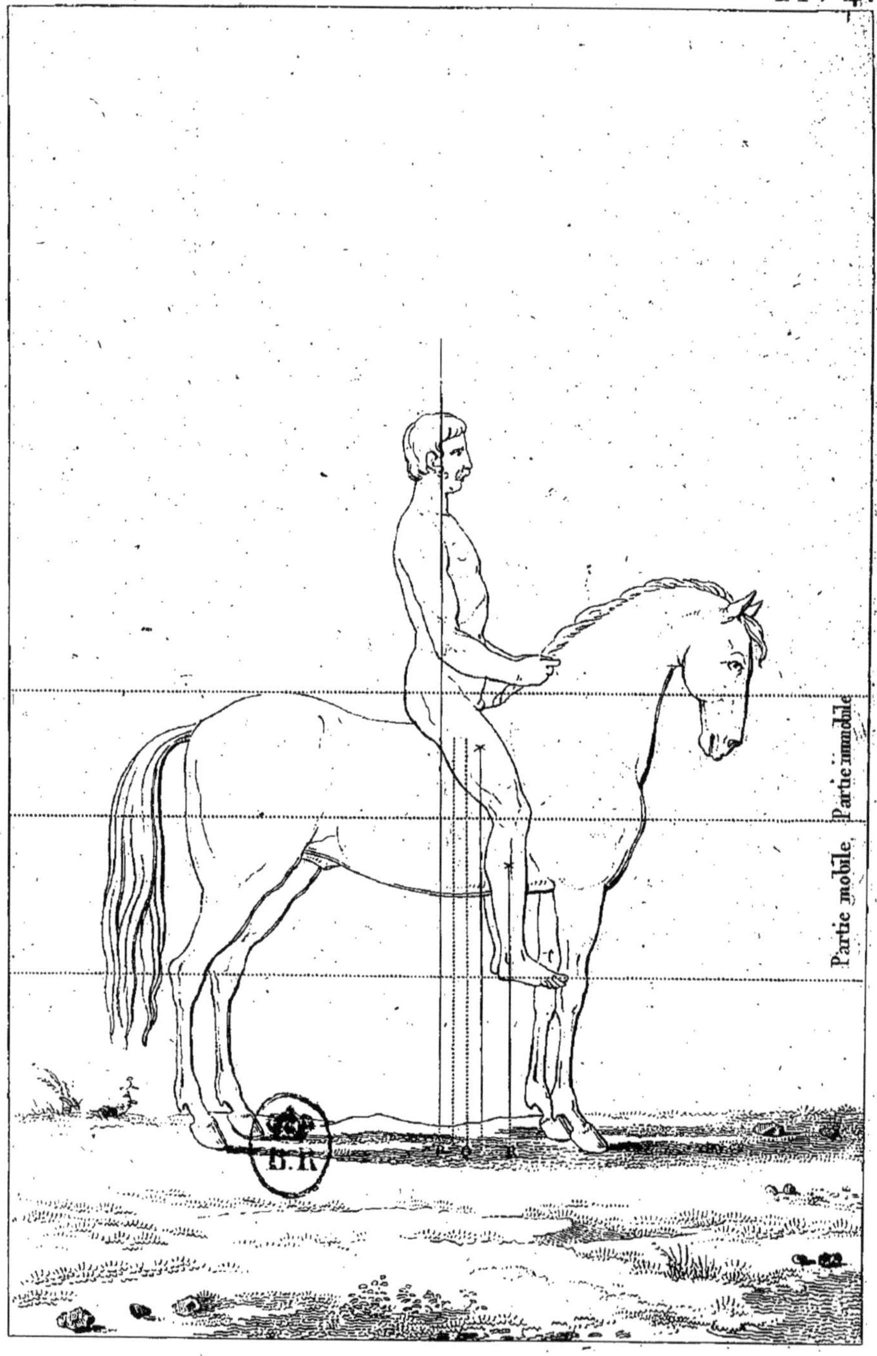

Partie immobile
Partie mobile.
D.R

Fig. 1.   Le Pas.
Fig. 2.   L'Amble.
Fig. 3.   Le Trot.
Fig. 4.   Galop à droite.
Fig. 5.   Galop à gauche.
Fig. 6.   Galop désuni ou faux du derrière.
Fig. 7.   Galop désuni ou faux du devant.
Gravé par Adam.

www.ingramcontent.com/pod-product-compliance
Ingram Content Group UK Ltd.
Pitfield, Milton Keynes, MK11 3LW, UK
UKHW022057120726
13694UKWH00001B/204